victoria bar

DIE SCHULE
DER TRUNKENHEIT

上帝的礼物
关于酒的故事

[德] 维多利亚酒吧　著
王海涛　译

中国友谊出版公司

图书在版编目（ＣＩＰ）数据

上帝的礼物：关于酒的故事 ／ (德) 维多利亚酒吧
著；王海涛译. -- 北京：中国友谊出版公司，2018.12
书名原文：DIE SCHULE DER TRUNKENHEIT
ISBN 978-7-5057-4558-2

Ⅰ．①上… Ⅱ．①维… ②王… Ⅲ．①酒文化－世界
Ⅳ．①TS971.22

中国版本图书馆CIP数据核字(2018)第266443号

© Metrolit Verlag GmbH & Co. KG

书名	上帝的礼物：关于酒的故事
作者	[德] 维多利亚酒吧
译者	王海涛
出版	中国友谊出版公司
发行	中国友谊出版公司
经销	新华书店
印刷	北京中科印刷有限公司
规格	787×1092毫米　32开
	8印张　152千字
版次	2019年3月第1版
印次	2019年3月第1次印刷
书号	ISBN 978-7-5057-4558-2
定价	49.80元
地址	北京市朝阳区西坝河南里17号楼
邮编	100028
电话	(010) 64678009

电话　(010) 59799930-601

"维多利亚酒吧"是本书的诞生地，2001年时在柏林开业，位于距波茨坦广场不远的波茨坦大街上。酒吧的经理就是同年被法国美食杂志《高勒米罗美食指南》评选为"年度调酒师"的斯特凡·韦伯。他的合作伙伴包括酒吧女主管贝亚特·辛德曼和克斯廷·埃默尔，她们两位负责媒体和公关工作以及艺术品收集，并负责策划酒吧一年一度的展览。另外还包括调酒师贡萨洛·索萨·蒙托里奥，其间，他独立创办了"巴克和布雷克酒吧"。这四位把"上帝的礼物：关于酒的故事"办成了2001年度的系列活动，贝亚特·辛德曼和克斯廷·埃默尔把活动的文本扩充成书。

　　英国的自由记者把维多利亚酒吧收录到"世界50家最好的酒吧"之中。在一年一度的首都酒吧排行中，维多利亚酒吧的排名都比较靠前。

维多利亚酒吧
波茨坦大街102号
邮编10785
柏林
www.victoriabar.de

目　录

CONTENTS

DIE SCHULE
DER TRUNKENHEIT

Come on,
just a sip for
daddy.

我们为什么喝酒，
为什么会有这本书

在是否信仰上帝这个问题上，法兰克·辛纳屈曾经说过："我相信一切能让人安然度过夜晚的东西，不管是祈祷、镇静剂还是一瓶杰克·丹尼。"

我们把黑夜视作黑暗的藏身之处，是所有不确定和未知的所在。此时，我们毫无抗拒地把自己置身于怀疑、恐惧和困顿当中。我们很快就明白，尽管酒会带来各种各样的危险，却始终没有退出人类文明的舞台。随着夜幕降临，酒的诱惑力也逐渐增强。几百年来，喝与不喝、净化内心与酩酊大醉之间的争斗无休无止，却难分胜负。兴奋和陶醉是要付出代价的。不管是早晨醒来时的头痛、肝脏肿胀还是真的上瘾，我们都没能离开它。

它让我们内心的疑问沉寂下去，把我们从无情的时光流逝中解脱出来。我们尽兴畅饮，把自己灌醉，让时间和忧虑变得毫无意义。当我们处于亢奋状态时，就无条件地定格在了此时此地。过去和将来的事情变得寡淡无味，思维也开始畅游心中。

古希腊的酒会是一个习俗化的狂欢活动。在酒会上，过度饮酒和对确定主题的丰富思考紧密相连。希罗多德说，古老的波斯人习惯在过度亢奋的状态下讨论重要的事情，以便在第二天能够再次在清醒的状态下做出判断。反之，在清醒状态下做出的决定也能够在喝醉之后再进行讨论。在接下来的数千年里，这种听起来对酒相当理性的使用方法却不断被遗忘。

一个拥有文明饮酒风俗的地方都会建立在过度深渊的边缘，一个崇高的饮食机构指引着我们走出两难的困境。1889年美国人在世博会上第一次把它带入欧洲。在新建成的埃菲尔铁塔脚下兴起的美国酒吧首次展示了混合酒精的魅力，也展示了一种新的饮食理念，那就是放弃了固定座席，客人可以自由地选择交流伙伴。之前人们都希望女士晚餐结束后继续待在这里，而叼着精美雪茄的男人却回到了藏书室。在美国的酒吧里，女士也可以放松地和异性们交谈。这应该不是最后一次看到酒为推动社会进步所做的贡献，当然不得不说，它也经常起到反作用。

德语的吧台用英语说是"bar"，本来就是服务生工作的地方。在酒吧间的新理念中，一方面它成为客人与酒吧工作人员和烈酒的分界线；另一方面，这条分界线也正好成了酒吧的活动中心和全新饮食理念的标志。现在成为焦点人物的调酒师荣升为仪式司仪。在需要的时候，他便成了听取忏悔的教父、给予安慰的人、朋友或者帮凶，但也可能成为能够满足客人当晚畅饮需要的权威，同时又具有要求酒吧的客人醉倒在最后一杯酒里的威严。

10年前，我们维多利亚酒吧的老板斯特凡·韦伯与合作伙伴克斯廷·埃默尔、调酒师贡萨洛·索萨·蒙托里奥一起开始探寻酒的历史，其间，他独立创办了"巴克和布雷克酒吧"，企业之魂为贝亚特·辛德曼。在更仔细地研究了我们酒吧最受欢迎的烈酒的发展历史，包括500多年来变化多端的香槟发展史后，我们惊奇地发现政治和经济的发展过程与几种烈酒的形成过程非常吻合。每一次权力转移、每一场战争、每一次技术革新都会影响酒的外观和口感，直到它们发展成今天的样子。新的销售市场形成之后，旧的就被破坏，异域情调的成分在遥远的地方被发现，葡萄庄园和工厂如日中天、不断涌现。酒税既会引起某场战争，也为学校和铁路建设提供资助。政治家和将军、文学家、演员和音乐家要么从中得到灵感，要么无法自拔。酒和人类文明平行发展、互相扶持并相互制约。

我们的调查结果汇编成《上帝的礼物：关于酒的故事》这本书。2003年11月的一个浓雾弥漫的寒冷周日，我们在维多利亚酒吧里为当时富有传奇色彩的系列活动举办了第一次诵读会，身边放着印有五种鸡尾酒的菜单，这一系列的活动在冬天定期向好奇的酒客和酒吧同事揭示烈酒的秘密。因为诵读会有些流动的部分第二天就被忘掉了，所以我们一直需要有一本书，把所收集的知识串联起来备用。因此我们就开始进行编辑并扩充报告材料，形成了您面前的这本书。

阅读本书的时候我们会热切地向您推荐一款、最多两款适合您的酒，喝完就去睡觉，第二天继续读下一章。

干杯！ Prost. Skol. Salud. Na Sdarówje und à votre Santé!

克斯廷·埃默尔和贝亚特·辛德曼

佩波·丹科瓦特的就职演说：
醉话也算数

几年前我在维多利亚酒吧的吧台上向贝亚特点了一杯"记忆中的味道"，当时我的耳朵里还回响着加勒比海的涛声。她给我上了一杯朗卢姆，是她的同事萨洛独创的作品。这款烈酒放在一个平底玻璃杯里，里面还放着冰块，基本上属于一款经典的酸酒，是从一款牙买加黑朗姆酒演变而来。里面的甜味来自巴巴多斯的热带蜜酒，甜柠檬的酸味让酒味变淡，有点像 Ray & Nephew 超标朗姆酒。第一口酒下肚，让我顿感畅快，倏忽间仿佛回到了牙买加！这就是正宗的牙买加酒！它打开了我敏感的记忆宝库。第二杯酒下肚之后，加勒比海上汹涌的波涛就席卷了我的所有感官。我慨叹酒神巴克斯的神迹，纵情畅游在记忆的画面中。

酒吧成了修行的圣地，在这里，让人迷醉的东西成为传统的重要一环。日耳曼人将迷醉看作神的馈赠，16 世纪的时候还称之为"riuschen"①，是庆典和仪式的组成部分。

其实迷幻剂也不是从蒂莫西·利里或阿道司·赫胥黎的时候才有的，他们在20世纪70年代进行了很多试验。人类几千年之前就开始用毒蛇蕈做迷幻剂，喝下之前吃了毒蛇蕈的巫师的尿液。在古代和中世纪的欧洲，深度迷醉是很正常的现象，从16世纪开始才被禁，19世纪就被当成病症了。不过，人们对喝醉酒依然不以为奇，最喜欢聚到一起喝个酩酊大醉。在禁酒期间，大家相互帮助拿到私酒，然后进行一场真正的"幕后狂欢"，嬉皮士们更是载歌载舞。那些喝"平价酒"的也不会举杯独酌，他们聚在私人会所和电子摇滚舞厅里吃着摇头丸和安非他命，在幻境中起舞。这已经变成了某种仪式性的集体放纵，我之前只在让·鲁什的电影里看过，他是民族学志电影大师。他1954年拍摄的《发狂的主人》中观察了迦纳族的仪式，那是当时西非非常盛行的一种仪式，舞者像着魔一样精神恍惚。

让我迷醉的地方文雅多了。就连马丁·基彭伯格②也会坐在这里，一边喝酒一边进行艺术创作，要是他在柏林那段时间也能这样就好了。在这里，典礼官像变戏法一样，把最基本的原料幻化成真正神奇的饮料，把它们奉送给那些宣誓忠诚于制作仪式的人。最终的杰作被称为"鸡尾酒"——公鸡的尾巴。

---

① 中古高地德语里是"迷醉"的意思。

② 德国著名艺术家。

关于鸡尾酒这个名字起源的故事有很多，其中一个据说跟北美的斗鸡有关。获胜斗鸡的主人有权力在比赛结束之后把死掉的斗鸡尾巴上的彩色羽毛摘下，庆祝自己胜利的时候，会把酒倒在胜利品上。不过，我自己倒觉得另一种传说更好一些：在美国的一间酒吧里站着一只高大的空心瓷公鸡，酒吧会把所有剩下的饮料都倒进去。

他们把这种高度混合的饮料从鸡尾巴那里吸出来便宜卖掉。酒香不怕巷子深，越来越多的人喜欢上了这款从"鸡尾巴"倒出来的酒。

现在回到我醉眼蒙眬地坐在吧台旁的那段时光，我的典礼官是女调酒师贝亚特，我和她就是在吧台上聊天认识的。我知道，她和同事们会在旁边的国家图书馆里花上几个星期，甚至几个月的时间来研究作品的起源，探索饮料名称的词源背景，到古巴或者委内瑞拉去体验当地的酒吧，发掘新作品，查找历史根源，或者跟朋友或同事交流鸡尾酒作品的配方。一切活动中自然都少不了举杯畅饮。

很多年以来，我都是以令人讨厌的"酒鬼"形象跟员工们聊天，首先是贝亚特，趁机把所有的知识都写到书里，让所有人都能看到。我作为胡格诺流亡者（我的祖先在1572年8月24日的圣巴托洛缪大屠杀之后不久就离开了法国）与科涅克白兰地有一种特殊的关系，也是我这本书里写的。因为亨利二世支持天主教徒，他们在宗教战争期间取消了科涅克市的特权，而胡格诺派的银行家则支持科涅克地区的大家族和大商人，例如轩尼诗、马爹利或德拉曼，也成为这些品牌成功的基础。现在让我们在最美好的时刻从酒杯中品尝到雅文邑或者科涅克白兰地。

在某个"加勒比之夜"我答应，如果我们把这些年的谈话写成一本书，我要来写前言。贝亚特和她的同事没有忘记我的承诺，把我的醉话都当真了，瞧，我还真做到了。

佩波·丹科瓦特

第一期
葡萄酒

Erstes Semester:
Aus Wein gebrannt

维利·勃兰特与高超的外交饮酒艺术

1965年10月12日，夜幕刚刚落下，一辆黑色的梅赛德斯汽车靠近了查理检查站。汽车的前排坐着时任西柏林市市长维利·勃兰特和他的太太鲁特。汽车顺利通过了检查站，沿着黑暗的街道飞驰在柏林墙的另一侧。

他们已经很多年没有踏上东德的土地了，他们两个人默默地欣赏着沿途的城市风光，空气中弥漫着煤灰的味道，两旁也没有路灯。黑漆漆的外墙上还有帝国首都经历的上一场战争所留下的弹孔。菩提树下大街上，苏联大使馆是唯一被照亮的地方，竟显得有些虚幻，好像一艘搁浅的远洋客轮。这是他第一次拜访世仇。

盟军已经收到了消息，都做好了准备，西德这边也整装待发。5年来，柏林墙后面的西柏林就像消失了一般。在柏林墙的阴影中，战争仿佛始终没有结束。不过，苏联大使波特·阿布拉希莫夫邀请勃兰特夫妇访问东柏林，勃兰特答应了，他希望能让在隔绝中叹息的西柏林稍微轻松一点。

他早就领教过俄国人的饮酒习惯了，自己在家里还吃了一罐油浸沙丁鱼。宽敞的宴会厅四周贴满红色的丝绸壁纸，餐桌上摆满了鱼子酱、鸡蛋、肉末、鳟鱼和牛肉卷。热情迷人的大提琴演奏家姆斯蒂斯拉夫·罗斯特洛波维奇应邀表演，缓和了现场的紧张气氛。饭后勃兰特请求将伏特加换成科涅克白兰地，拉近了大使和市长之间的距离。女士们被邀请去观赏一部关于俄国风土人情的电影，男士们就开始推杯换盏，畅所欲言了，谨慎的接近策略就此展开。

　　此后的24年间，无数的空酒瓶见证了柏林墙倒塌的历程。是时势造就了千杯不醉的维利·勃兰特，是他让来自欧洲东部的战争对手与新生的西德建立了互信。双方的矜持和惨痛的记忆都被他冲到了桌下。他喜欢喝酒，尤其是红酒，所以大家都戏称他为"白兰地维利"。多年之后，亨利·基辛格回忆起这位联邦德国的总理时说道："他太能喝了！"他也爱女人，不过正是他这些众所周知的不足、弱点和矛盾让他备受信赖，成为今后几十年内最受欢迎的政治家之一。1974年，在他退休之后，一次采访中有人问他今后的打算，他回答说，现在终于可以安静地喝白兰地了。为了让其他人也能跟他一样享受美酒，在圣诞节的时候他会拿着一瓶吕德斯海姆出的酒，向供货商和手工艺者表示感谢。他的格言是"如果能有幸品尝如此多的美酒……"，正如一位电台技术员发自策伦多夫的报道一样。

白兰地与经济奇迹

在经历经济奇迹的国家中，小餐桌上的一瓶白兰地是富裕的象征。借助电视这一新媒体，这一广告语走进了联邦德国千家万户的客厅。雅可比[①] 突然喜欢上了"18 和 80"，尚特尔在 1953 年第一次见到"老板"，"此时此刻来一杯迪雅尔丹"，阿斯巴赫白兰地是"葡萄酒之魂"，酒水单必须跟菜单一样内容丰富。蛋黄利口酒和 EGGNOGGS 饮料集团迎来了一场复兴。在经历了如此的穷困之后，在一杯饮料里用一整个鸡蛋是如此的可耻。1957 年出现了"吕德斯海姆咖啡"，这是一种用阿斯巴赫白兰地和浓咖啡调制的特产。里面加入了白糖，奶油里加入了丰富的香草糖精，还有巧克力屑，这绝对不是一款低卡路里的美味。人们又想起了白兰地对健康有利的一方面，最温暖的短上衣重新变成了"科涅克短上衣"，而且一杯温暖的白兰地加上一片阿司匹林变成了驱走感冒的家庭常备药。

在纳粹统治时期，白兰地于 1943 年就从家里的酒柜中消失了。莱茵－美茵地区的白兰地酒厂也没能躲过盟军的空袭，吕德斯海姆的雨果·阿斯巴赫就被美军的轰炸机摧毁了。禁酒令没能在美国通过严厉的法律得以实施，而是在德国不由自主地变成了现实，在经过战争和纳粹的恐怖统治之后，德国变成了欧洲最干燥的国家。德意志民族突然发现自己变成

---

① 卡尔·雅可比，1804—1851，德国数学家。——编者注

了不情愿的禁欲者。

在困难时期，莱茵平原上出现了一种饮料，只能从它的名字上看出跟我们的白兰地有关系，它叫"克诺里白兰地"。时代的见证人玛丽亚·哈尔金回忆说，农民用甜菜酿造的这种可怕而有效的劣质烧酒会让人失明。男人们因为看不清楚而找不到回家的路，他们的女人也辨认不出自己的丈夫。

在进行货币改革、引入德国马克和马歇尔计划的援助之后，情况才有所好转，酒精饮料行业才得以重组。有些酿酒厂在战争期间秘密地隐藏了库存、机器和设备。20世纪50年代重新启动了白兰地的生产，东德的居民也不只喝伏特加了。1951年，在维尔滕成立了VEB白兰地公司。

酒魂归位

德国酿造白兰地的传统可以追溯到19世纪时的莱茵河畔地区。海因里希·梅尔彻和他的儿子们建立了第一家蒸馏厂。他用的葡萄酒都是从法国进口的，后来他跟自己的法国供应商合伙建立了另一家企业，这就是"迪雅尔丹"——德国第一家科涅克酒肆，引得其他企业家纷纷效仿。1880年以后，相继出现了私人酒厂雅可比·法兰克福、吕德斯海姆的阿斯巴赫、奥本海姆的玛丽亚·克龙，以及宾根的猩红酒。第一次世界大战给酒厂建立之初的繁荣和莱茵河两岸的酿酒师的紧密合作带来了致命性的打击，从法国进口商品变得越来越难，最后都被禁止了。所有的原材料和食品都采取配给制，酒厂也不例外。从1917年初开始，高度酒只能用于医疗目的。

战争结束之后，1919年6月28日签订的《凡尔赛条约》确立了和平的条件。在"香槟条款"的第274条和第275条中涉及不正当竞争。德国必须尊重法国的酒标，在德国生产的葡萄酒类产品不能再使用"科涅克"的名称。

这是法国酿酒师防止德国人仿造所采取的自我保护措施。另一方面，也不能说"德国白兰地"只是德国葡萄酒酿制的。雨果·阿斯巴赫早在1908年就注册了"阿斯巴赫白兰地"商标，被称为拥有"古老传统的酒，源自高贵红酒的科涅克"，所以直到现在，来自科涅克故乡夏朗德的原酒依然使用这个商标。他的意大利竞争对手维基亚·罗马尼亚也添加了来自雅文邑白兰地葡萄种植区加斯克涅的配料，从而具备了他的品质。由于《凡尔赛条约》的缘故，"白兰地"这个词只能用作官方标志，写入了德国《葡萄酒法》里，必须储藏至少半年，而白兰地陈酿必须储藏一年，酿造使用的葡萄酒可以来自所有的欧共体国家。

20世纪的前几十年，德国也出现了美式酒吧，那里的经典白兰地饮料如侧车、亚历山大白兰地和香槟鸡尾酒也会跟白兰地混合到一起。1924年，不安分的雨果·阿斯巴赫又推出了新产品，白兰地夹心巧克力，专门针对女性顾客，特别适合上流社会名媛。因为对她们来说，在公共场合饮用烈酒并不体面。美国酒吧里一般没有女士，但在下午的茶舞时，没人能阻止她们喝完一小罐摩卡之后来几块白兰地夹心巧克力。德国"二战"后经济奇迹期间涌起的吃喝风也让白兰地夹心巧克力演变成了白兰地巧克力豆，现在里面放的是烈酒。这是食物和饮料之间一次奇特的融合。

与储藏期漫长的法国科涅克白兰地相比，德国的白兰地还属刚刚起步，至少在鸡尾酒吧的柜台后面和行家眼里，它慢慢地被进口烈酒科涅克白兰地挤到身后了。20世纪80年代，德国人尝试着结合"游遍世界"运动改变自己的形象，重点强调品牌的国际化，因为德国已经向59个国家出口，成功地向世界著名酒店推销了古老的阿斯巴赫白兰地，包括香港的半岛酒店、新加坡的莱佛士皇家酒店、里约的科帕卡巴纳皇宫酒店、纽约的华尔道夫酒店以及蒙特卡洛的巴黎大酒店。

白兰地酒是德国销量最大的烈酒，接近90%的德国人都知道阿斯巴赫白兰地，白兰地可乐可称得上"国民饮料"。柏林人把这种简单的混合饮料称作"福契"，婚礼上的经典饮料就是放到里亚托被里的Abc（白兰地可乐，Asbach Cola的字母缩写），金色的福契加上芬达，这在黑森州被称为"小帽子"。

传统阿斯巴赫白兰地的生产商希望借助更高级的版本，例如阿斯巴赫8年陈酿和时间更久的21年精选，来重塑产品在消费者中的声誉。在对酒瓶和商标进行了小心的现代化改造之后，产品的复兴开始了。最终的落脚点回到了吕德斯海姆传承下来的百余年传统，因为我们不应该忘记德国白兰地的江湖地位，它可以和葡萄酒贵族里的任何一位成员平起平坐。

科涅克和雅文邑：橡木桶里的稀罕物

葡萄酒贵族圈里除了德国白兰地外，还有西班牙白兰地、法国科涅克和雅文邑，以及南美的皮斯科酒。它们都是由白葡萄酒蒸馏出来的，所以都有些亲缘关系。

毫无疑问，这些贵族饮品里的明星是法国的传统白兰地，真正的行家会花上100欧元买上一瓶品质优良的雅文邑或者科涅克，甚至更贵的，理由就是切身体验一下这种稀罕物。为什么历史上经常会出现这种情况？那就是一些毫不相关的事件在若干年之后成为影响一种产品或者一个地区经济结构的因素。

1494年，一位细心的车夫把他风尘仆仆的马车停在了科涅克城堡前，它是位于夏朗德岸边的一个小城市。这时候马车里传出呻吟声，路易斯·冯·萨瓦和她的丈夫旅途奔波，可能要面临早产。一位农妇成为接生婆，在很多人的帮助下很快就生下了一个小男孩，他睁开双眼打量着这个陌生的世界。23年之后，他登上法国王位，史称"弗朗索瓦一世"，他给自己的出生地献上了一份大礼，那就是免去了当地勤劳灵巧的居民所有的赋税，这让他们的产品在市场上占尽了优势。弗朗索瓦一世是一位典型的文艺复兴时期的君主，有着对艺术的热爱。他拥有米开朗基罗、提香和拉斐尔的大量作品，将达·芬奇的作品也带到了法国。他一开始支持改革派，后来又改变主意。他的继承者亨利二世取消了科涅克的特权，在天主教和加尔文教胡格诺派的宗教战争中支持天主教派。

这场战争一开始，有一次胡格诺派决定发起战斗的原因就是群众认为征收的盐税很不合理。胡格诺派最终取得了战斗的胜利，现在的夏朗德地区也就变成了法国支持反对派的核心地区。许多科涅克的大家族，例如轩尼诗、马爹利或者德拉曼，都有加尔文教派的传统，他们都是成功的生产和贸易商，虽然他们受到迫害失去了家族的财产，但之前建立的关系保留了下来。

这一时期很多的银行家都是胡格诺派教徒，他们非常支持自己的教友，所以让科涅克白兰地的生产得以延续。随着16世纪渐进尾声，30年战争硝烟散尽，这个行业也就慢慢发展了起来。早在罗马时期，人们就在夏朗德这个降水丰富、气候温和的海洋性气候地区开始了葡萄种植，狂热的荷兰商船会顺河而下，将酒桶运往全世界。

生命之水

蒸馏的起源有一点还没有弄清楚，啤酒和葡萄酒早在公元前4000年就出现在幼发拉底河和底格里斯河之间的城邦国家里了，那到底谁从这些成分中获取的更多？古埃及人会蒸馏水果、调料、草药和花朵。这时候还没出现酒精，得到的是糊剂、乳膏和软膏。中国人在大约公元前1000年开始接近目标，出土的青铜器显示当时已经可以生产简单的酒了。另外，他们会将酒冷冻起来，把冰去掉之后剩下的就是酒精，这也是一种方法。古希腊人在公开的酒会上会举杯畅饮，而且已经意识到，可以进一步将酒提纯。有证据表明，亚里士多德也想到了这个问题。大约1000年之后，高度发达的阿拉伯文明在这一方面取得了进步。他们巧妙地进行蒸馏，但是伊斯兰教禁止饮酒，这是最大的障碍。而基督教文明的科学研究就不受限制，可以在著名的教育机构里提取黄金并成功地获取高纯度的蒸馏葡萄酒。这一年是1167年。

在萨勒诺大学的礼堂里，萨勒诺斯硕士给我们解释了制作方法。生命之水是最适合这种酒的名称。这一时期的教育都是通过教会进行的，随着欧洲范围内教堂数量的增加，高端的蒸馏技术慢慢在我们的文化圈里渗透。1490年，一位纽伦堡的医生警告说："鉴于现在大家都习惯了喝生命之水，有必要提醒所有人，作为一个有教养的人，饮酒需要适度。"不过，所谓的"适度"不管在欧洲还是其他地方，不管过去还是现在，都很难被定义。

烧酒和郁金香

其实，17世纪的荷兰人才是真正的蒸馏大师。荷兰北部的省份在威廉·冯·奥拉宁王子的带领下团结一致，对抗强大的西班牙和恐怖的宗教裁判所。面对占尽优势的敌人，战争持续了80年，最终的胜利者是新生的共和国，但它还很弱小，其国土并不足以养活国民。鲱鱼和鲭鱼成为荷兰人重要的食物来源。通过围海造田在北海上扩展出耕地，这个富于革命精神的民族对宗教持宽容态度，同时还具备商人和手工艺人的勤劳品质。在经历了对西班牙的长期征战之后，荷兰人到 1650 年就已经建成了规模达到上万艘的船队，成为当时的海上霸主，他们书写了关于各种走私者和凶猛海盗的传说。荷兰人钟爱花卉、美食和佳酿，他们的画家创作的画卷上也描绘了当时的美食、美酒、果蔬或者花卉，这也是艺术史上的一次创新。

他们在整个欧洲购买葡萄酒，而当时的葡萄酒很容易就变质了，在颠簸的运输途中，很多酒都会变酸。为了解决这个问题，人们发明了通过熏硫的方式为木桶杀菌，而且鼓励种植者通过蒸馏法从他们所生产的葡萄酒里制作一些高纯度的产品，这样就可以将数量减少到原来的 1/6 到 1/8，然后可以自己勾兑。他们成为第一批蒸馏出高品质葡萄酒的人。有些地区，如加斯科涅，原来并没有种植葡萄，不过拥有可以做酒桶的木材，所以会影响在夏朗德和敌国西班牙所种植的葡萄类型。这些葡萄特别适合生产白兰地。

这就为当时在科涅克周围比较弱势的葡萄酒业提供了更好的基础，可以大量生产高档葡萄酒。

高墙之内

科涅克地区的葡萄种植者逐年增多，他们拥有自己的土地和小蒸馏室，创造了财富。他们会非常自信地跟贸易商周旋，"守着你的钱包吧，我会看好我的酒桶"，这句谈判台词在当地家喻户晓。葡萄种植者的固执让很多城市贸易商感到绝望。

酒农们住在相隔很远的农舍里，通往高墙之外的只有一个大门，将外界好奇的眼睛挡在门外，而里面隐藏着美丽和财富。

1815年，一位英国人惊异地发现，"在科涅克的葡萄酒市场上，表面上看有些人并不富裕，但是他们非常善于守财，而且会想尽办法赚钱。哪怕是拿出自己压箱底的货，也都穿得不修边幅，看起来很破旧。他们的衣服可能原来很体面，不过种种迹象显示，大衣、夹克和裤子应该都是二手的。如果一个繁忙精明的人衣服值5先令，那他的资产保守估计也要到8万镑。"

查尔斯·艾伯特·阿诺是巴尔扎克的御用插画师。他在给朋友的信中对这些乡巴佬大肆嘲讽："我今天应邀参加了一位最富有的农场主举办的宴会，其间谈到了巴黎。这位主人对我们在城市里的生活感到非常怀疑，他没有去过，因为他觉得那是骗子和恶棍待的地方。他的姐夫想参加巴黎公社却被人杀了，他觉得根本不值得同情。"

酒农将新鲜的或者经过蒸馏的葡萄酒拿到科涅克的市场上卖给商人，他们回去之后继续加工。荷兰政府支持这项进口贸易，因为这样就可以让紧缺的粮食填饱老百姓的肚皮，而不是变成杯中的甘露。而对葡萄酒品质的追求是从18世纪中叶才开始的。英国人发明了干邑白兰地，一直到这时候，酒都是趁鲜喝，但是英国和法国的敌对状态导致双方互征惩罚性关税、贸易壁垒和贸易禁运。销量直线下降，所以夏朗德人就把科涅克放到橡木桶里储存，然后很快就发现了这样做的好处。

也有走私者，其中包括来自泽西岛的走私者，会把这款稀缺产品运往英国，其中就有著名的约翰·马爹利，他后来与古老的科涅克家族联姻，改名尚·马爹利，很快就成为举足轻重的贸易商。

葡萄根瘤蚜和后遗症

这一丘陵地区的繁荣一直持续到19世纪70年代，直到葡萄根瘤蚜虫害大规模暴发。这种蚜虫是北美蚜虫的近亲，它们像《圣经》中所描述的瘟疫一样席卷了整个地区。

害虫首先会攻击藤蔓的叶子，将汁液吸干，然后产卵，每个蚜虫会生产几百枚卵，这些卵会在八天内孵化出幼虫，被侵袭的叶片会变成棕色，然后脱落。到这一步的时候，蚜虫所造成的伤害与其他病虫害带来的损伤很相似，所以葡萄园主一开始并没有太担心。不过，一部分随着叶片脱落的蚜虫随即进到葡萄的根系，它们在那里化蛹过冬。春天藤蔓发芽的时候，这些虫蛹会破壳而出，开始吮吸根系的汁液，继续产卵孵化。到夏天结束的时候，一部分蚜虫会生出翅膀，重新侵袭植物的上部分，或者顺风传染半径30公里的区域。如果园主发现蔓藤上有一片叶子出现了损害，那一般来说，许多其他的枝茎早就被感染了。这时候注射药剂已经毫无效果，即使把根刨出来也不管用了，蚜虫和虫卵反而会随着使用的工具以及工人的靴子继续传播。

许多百年老藤在几年之内要么死于病虫害，要么死于后面的真菌、病毒和细菌感染。短短 10 年之内，将近 80% 的蔓藤都受到病虫害的侵袭，很多酒庄毁于一旦。地价也从每公顷 7000 法郎跌到 600 法郎。

令人吃惊的是，法国酒农的救命稻草来自遥远的地方，不是在意大利、西班牙或者葡萄牙，而是在德州小镇丹尼森。时值 1877 年——危机爆发的最高峰，园艺师托马斯·沃尔尼·曼森发现了一种对根瘤蚜免疫的根茎，可以跟其他葡萄嫁接。他因此被法国授予农业成就骑士勋章。科涅克和这个德克萨斯小城于 1988 年结为友好城市。

时至今日，这种危险的病虫害还没有完全排除，不光是杂交和嫁接技术在进步，蚜虫也在进化。即使美国航空航天局也在忙着拯救藤蔓。

补种的时候只能使用当地最好的葡萄品种，只有这些葡萄才值得花费大量金钱和劳动来进行嫁接。长远来看，这一点极大地提高了法国葡萄酒的品质。根瘤蚜病虫害危机所带来的另一方面的变化在于科涅克的发展，虽然是被动减产，却让它的奢侈品地位得到进一步加强。

天使的渴求

冬季的夏朗德萦绕在一种美妙的香气中，与散落的村落和连绵起伏的丘陵相映成趣。酒厂窗户透出的灯光温暖着冬夜，这是一个令人陶醉的季节。对新葡萄酒的蒸馏提纯会一直持续到 4 月 1 日，直到它们成为真正的科涅克干邑。巨大的蒸馏器冷却下来，在这一年剩下的时间里终日与灰尘为伴，直到12月份重新加热。

葡萄收割完之后先简单压榨成果汁，不能把葡萄籽和茎粉碎，这样才能将里面的丹宁酸保存到葡萄酒里。果汁不能加糖，发酵过程不能使用硫黄，否则发酵就会中断。保持原汁原味，保留沉淀物，只添加酵母精华。然后放到铜罐里手动锤击活塞进行蒸馏。科涅克的生产工艺是按照蒸馏或者夏朗德蒸馏法进行的。原酒被加热到大约60摄氏度，然后放到蒸馏器中明火加热，蒸腾出来的酒精蒸气通过鹅颈管进入蛇形瓶，这是一种蛇管状冷凝器，可以进行冷却和液化。这样制成的原酒会进行二次蒸馏，最终变成蒸馏酒，法语称之为"Bonne Chauffee"（蒸酒）。

每一次蒸馏都会将杂质分离出去，它们会影响口感或者引起头痛。同时它们也是酒香的载体，也应该适当保留。科涅克经过两次过滤就够了。蒸馏调酒师留了少数原始特色中最典型的部分。接下来它们会在橡木桶里待上至少3年。其实橡木桶的木材并不是什么橡木做的，而是取材于法国利穆赞和彤塞森林里70—150年生的木材。

木材需要自然存放数年，风吹雨淋会中和树木中蕴含的丹宁酸，在做成容器时不使用任何胶、钉或者塑料。它的孔非常大，可以让科涅克在发酵过程中呼吸空气。每一桶科涅克首先都会使用新容器，可以让保留下来的丹宁为其添味着色。有时候酒会保存几十年，然后再放到旧桶里。

大量的橡木桶铸成的长城非常醒目，挥发出的蒸汽与石头里的硝酸钾发生反应，为一种真菌提供了特殊的生存条件。真菌的黑色和霉味充斥着古老残酷的城墙和屋顶。

漫长的成熟过程会产生大量损失，每年都会蒸发4%，这就形成了"天使比例"。整个夏朗德地区所有酒窖的损失每年可以达到2200万瓶酒。科涅克上空的天使变成了世界上第二大消费群体。损失之所以如此巨大，与巨大的库存量和高达百年的存储期密切相关。这就意味着科涅克白兰地的圣餐需要更多的资本，超过法国所有汽车工业总和。

顾客手中买到的几乎每一瓶白兰地都是混合酒。酿酒师和酒窖主管的艺术在于，从不同酒窖数以百计的蒸馏木桶中，从数十种不同年份的酒里尽可能选出口味相同，年复一年品质不变的产品。这种工作得益于同一个家族内数代的积累，酒窖主管的培训从童年时期就开始了。

窖藏原酒的酒精度大约是70度，对于普通消费者来说太烈了。酒庄会在几个月的时间内把它们与蒸馏水混合成大约40度，这样就比较爽口了。还可以添加少许糖和一些焦糖，这时候才能将木材和酒中的香味发挥到极致。

其实数字并不重要，不过对于有些人来说，在加斯科涅附近生产的雅文邑品质更佳。1461年这里就正式注册了第一家酒厂，所以雅文邑是世界上最古老的白兰地产区。与科涅克不同的地方是，雅文邑的蒸馏流程连续性较强，只是从1972年开始使用夏朗德二次蒸馏法，里面可以添加香料，例如李子、坚果或者药草，然后存放到夏朗德的橡木桶里，其中最关键的是存储时间。正是由于种植区对于葡萄品种的严格固定，以及精确的酿造和存储程序，让这两种酒成为蒸馏酒中的极品。很早就建立的管理部门会定期对相关条件进行检查，这也铸就了它们在全世界的成功。两个地区的居民大都以此为生，酒厂提供了数以万计的岗位。他们坚信自己做出的美酒独一无二，这要感谢科涅克和雅文邑的品质和声望。

"和家人一起摇摆，彻夜畅饮开怀"

英国人是白兰地最忠实的消费者，后来美国和远东也成为重要的销售市场，而遥远的中国，一瓶法国科涅克已成为婚礼上不可或缺的礼物。

在美国的嘻哈音乐舞台上，从 20 世纪 90 年代开始就把这种法国名酒简称为"yak""gnac"或者"Henny"（轩尼诗"Hennessy"）。Digital Underground 乐队的 *The Humpty Dance* 里面唱道："我要喝光所有的轩尼诗，你看着办，我来介绍介绍我自己。"歌手库里奥最喜欢的消遣方式就是"和家人一起摇摆，彻夜畅饮开怀"。史努比·狗狗在 *G'z up Hoes down* 里唱道："科涅克就是 G'z 喝的酒。"美国黑人和法国名酒之间的故事早在"二战"期间就开始了。夏朗德的许多酒农会给美国解放者送上一瓶科涅克路上喝。这些黑人士兵在军队里经常被当成二等士兵，他们很高兴也能获得地方馈赠。20 世纪 50 年代初期，贺比·汉考克和韦恩·肖特的乐队被称作 VSOP 五重奏，而 VSOP 是法国政府对至少窖藏了 4 年的科涅克（非常优质的淡酒）的专用名称。美国黑人青年再次为法国的这块弹丸之地做出了巨大的贡献。酒农们用燃烧的轮胎封锁了通往科涅克的道路，大型葡萄酒厂取消了葡萄订单，酒窖爆满。布斯塔·莱姆斯在 2002 年的时候唱道："给我轩尼诗，给我克里斯林兰。你可以给我人头马，不过别给我拿破仑干邑。"而布斯塔的拥趸们对此视若《圣经》。从 20 世纪 90 年代开始，酒的销量慢慢地增长了三倍。2007年有 1.58 亿瓶白兰地销往美国，其中 60%—85% 流进了美国黑人饥渴的喉咙。

飞鸟

世界上有一个地方，人们一开始很难把它跟蒸馏酒联系起来，正是在这里产生了皮斯科。这是一种浅色葡萄酒白兰地，主要产地在智利、秘鲁、玻利维亚和阿根廷。在生产过程中，果汁至少要放到金属罐里发酵八天，然后将原酒蒸馏一次，这样做出来的酒口味纯正，富含杂质，包括醛类、乙醇和更多生物碱。它的味道会让人想起格拉巴酒（一种意大利白兰地）。按照传统，酒会存放在陶罐（大陶壶）里，现在一般都用橡木桶代替了。六个月之后酒色会变浅，也就是浅黄色，这时候就可以拿出来卖了。它的名字来源于印加语的克丘亚语系，人们将用皮斯科来表示飞翔的鸟，诗人也借此告诉人们这种酒会让人如翔九天。其实这个名字很有可能来自位于利马南方 150 公里远的小城皮斯科，这里是南美洲白兰地的发源地。它起源于 16 世纪，当时这里是西班牙殖民统治的重要港口和前沿阵地，由于地处偏远，补给船很难到达，人们无奈只能自己想办法酿酒以及种植其他农作物。有证据显示，1560年当地就开始了葡萄种植，而且非常成功，1630年葡萄酒和白兰地的出口额达到了2000万升。

南美洲现在不仅仅包括秘鲁，智利的葡萄种植面积也达到12万公顷，生产以皮斯科和葡萄酒为主的60余种酒。20世纪伊始，智利的港口城市伊基克的一位英国店主和前水手发明了皮斯科酸酒。他把皮斯科跟当地的一种非常酸的柠檬汁混合到一起，然后加糖中和，这种饮料很快就成为他的主打产品。后来有人开始在皮斯科酸酒表面盖上一层鸡蛋清，这样可以突出底部酒的烈度，这种白色的顶盖后来成为酒的固定组成部分。这家最小的乡村酒馆的卫生条件令人不太放心，蛋白需要放到大量皮斯科酒瓶旁的升壶里备用，然后会送到大酒店里，倒进不计其数的玻璃杯中。

皮斯科酸酒后来在这个地方成了国酒，整个国家对这种清爽的夏日鸡尾酒的认可度毋庸置疑。2004年官方宣布将2月8日定为"皮斯科酸酒日"。当天有1.5万人在午夜熙熙攘攘的街头举起皮斯科酸酒杯开怀畅饮，创造了吉尼斯世界纪录。

安达卢斯

西班牙最好的白兰地产自西班牙最南部安达卢斯地区的加的斯。雪利酒三角区域由沿海的圣玛利亚港、桑卢卡尔－德巴拉梅达和深入内陆15公里的赫雷斯－德拉弗隆特拉组成。

这一地区包括了狭长的海岸线和瓜达尔基维尔河与瓜达莱特河之间的平原。富含白垩的土壤滋养出帕罗米诺、麝香葡萄和佩德罗－希梅内斯等葡萄品种，成为制造雪利酒的原料。大西洋海岸的独特气候包括清凉潮湿的海风和常年炎热的阳光。

这里是弗拉门戈、响板、吉他、吉塔诺人、赛马和斗牛的故乡，赫雷斯－德拉弗隆特拉始终保持着原始的浪漫色彩。这里有欧洲大陆最大的酒窖，威廉姆斯＆亨伯特公司在"维诺大教堂"里存放了数十万瓶雪利酒，等待着变成半干雪利酒投放市场，客户主要来自英国。不仅是在这里，其实所有的大酒庄都有自己的传统，不管民间传说是如何描述的。酒桶静静地躺在灯光昏暗的大厅里，墙壁上挂满了旗帜和纹章。雕梁画栋的大厅里到处是古董和笨重的家具。有些收集了很多马车，或者做成了华丽的马笼头展厅，有时候会举办弗拉门戈演唱会，或者跟跑马场融合到一起，高贵的马匹演练着复杂的西班牙马术动作，这都是安达卢斯宝贵的文化遗产。冈萨雷斯·拜斯会训练小老鼠，让它们穿过小楼梯从郁金香型的玻璃"雪利酒杯"里喝到酒。

这里原来是罗马帝国的行省，曾经向世界帝国的首都大量出口。但是从大约公元700年的摩尔人统治时期开始，这一地区才迎来文化和经济的繁荣发展时期。此时天主教的条条框框在欧洲其他地区极大地束缚了科学的发展，而这里的研究和教学却取得了长足进步。摩尔人发明了新的农业灌溉技术，有利于葡萄种植。新的统治者出于宗教原因放弃了享受葡萄美酒，清理了 1/3 的葡萄种植，剩下的葡萄要么做成了葡萄干，要么卖给了非穆斯林人口。据史学家估计，阿拉伯科尔多瓦大学研发的蒸馏技术是为了获取医用酒精或者用于美容。

1492 年，天主教国王伊莎贝拉一世和费迪南二世经过血战收复了赫雷斯周围的地方。他们将被征服地区的大量田产分封给了骑士，作为他们为国王服务的奖赏。这里产生了最早的封建制结构，在今后的数百年间极大地影响了安达卢斯。手工业和商业都转移到了城市里，农村的生活陷入赤贫。这种状态一直到西班牙内战，而安达卢斯始终保留了这一差异特性。加的斯在 16 世纪变成了与海外新大陆的贸易中心，与塞维利亚不同，这里的港口濒临大西洋，白银舰队也从塞维利亚转移至此。战船在这里进行武装，踏上通往新大陆的航路，当地的商人贩卖油、葡萄酒和硬面饼。在与英国和法国两大帝国永无休止的战争中不断结成新的联盟，亦敌亦友。尽管跟荷兰之间进行了独立战争，但是两国的贸易关系却得以维系，产生了深远影响。"白兰地"这个名字也从荷兰语"燃烧的葡萄酒"引申而来。直到今天，人们还是将第一次蒸馏出来的酒称为"荷兰德斯"，很容易就能联想到这种白兰地前身最早的消费者。

在给自己的酒起名字的时候，西班牙的白兰地生产者表现出了独特的传统意识。我们来举例说明：

勒班陀

以海战命名。1571年，在希腊勒班陀海湾发生了主要由西班牙人和威尼斯人组成的神圣联盟与土耳其人之间的著名海战。这场战役的结果是之前从未被打败的奥斯曼军队品尝到了失败的苦果，38000名士兵葬身海底。从战略上讲，这场胜利并没有对联盟特别有利，因为联盟军队后继无力。

伟大的船长

博瓦迪利亚（奥斯本）的一种索莱拉陈酿，为纪念秘鲁征服者弗朗西斯科·皮萨罗船长，之前做过猪倌的他在1531年带领着大约200人的部队在安第斯山寻找印加人的黄金国。1533年，在打败了印加统治者阿塔瓦尔帕后占领了库斯科城，然后大肆劫掠。3年之后他打败了起义军队，皮萨罗因为战利品分配不均，与同伴迭戈·德·阿尔马格罗反目成仇。皮萨罗勒死了自己的战友，4年之后死于阿尔马格罗儿子之手。

红衣主教门多萨

佩德罗·冈萨雷斯·德·门多萨是西班牙牧师、政治家和军事领袖。作为天主教国王卡斯蒂利亚的伊莎贝拉和阿拉贡的费迪南的密友，他于1478年参与创建了宗教法庭。当时的目的主要针对犹太人，据说他们私底下传播自己古老的信仰。裁判所对异教徒刑讯逼供，施以火刑。1491年，红衣主教门多萨参与收复格拉纳达，收复失地运动至此达到最高峰，而在一位富有创意和宽容大度的哈里发统治之下，穆斯林、犹太人和基督徒之间的和平生活也到此为止了。尽管曾宣誓终身不娶，这位红衣主教还是留下了一女两儿，而且他们都得到了西班牙王室和梵蒂冈的认可。女王伊莎贝拉将红衣主教的两个儿子称为他最甜蜜的罪过。

德·阿尔巴大公

费尔南多·阿尔瓦雷斯·德·托莱多·皮门特尔，阿尔巴大公、将军。1567—1573 年佛兰德地区西班牙人的领袖，他的工作主要是镇压反叛的新教徒。他在布鲁塞尔设立了一个特殊的法庭，处死了 6000 名荷兰独立支持者。他迫害刊印商，因为觉得他们就是那些改革思想的根源，所以就将他们烧死或者放逐。在安特卫普和梅赫伦，他的手下在三天的时间里杀死了 18000 人，这场大屠杀是西班牙人的疯狂报复，被铭记史册。他的暴政还在于将对荷兰独立无动于衷和随时准备起义的民众进行划分。1574 年他被召回西班牙，暂时放逐，7 年之后诞生了荷兰自由共和国。

英国的消费者——家庭事务

> "很多理性的人必须要喝醉，
> 生活中最美好的事就是一醉方休。"

——拜伦勋爵

1587 年，弗朗西斯·德雷克攻击了位于加的斯港的西班牙无敌舰队，截获2900桶雪利酒，这让他一跃成为伊丽莎白一世眼中的红人。这一刻是否意味着英国人对于雪利酒和白兰地经久不衰的热情开始了？"任何时候都是喝雪利酒的好时候"，300年后的维多利亚女王如此对底下人说。

在研究最初的西班牙白兰地酒的过程中，令人吃惊地发现有很多英国名字，这些名字直指喜欢饮酒的英国王室。在好人古兹曼、麦地那西多尼亚公爵、桑卢卡尔·德巴拉梅达主公解放该地区之后，立刻采取各种措施刺激人口增长，促进贸易。他做储君的时候游遍欧洲，建立了与英国王室的联系。1527年，他的继承人在今天安达卢斯颁布了承认英国商人特权的法令，允许他们不仅在"展会"期间，而且可以长期在桑卢卡尔做生意，并将布列塔尼街划给他们。这里变成了英国的殖民地，哪怕宗教裁判所也无权染指，也因此成为英国代理商和早期游人的避难所。

塞缪尔·皮普斯在海军供职期间担任皇家海军的装备部部长，他用纪年法报道了阳光明媚的西班牙出产的葡萄酒和白兰地。他在日记中透露，他在前往威斯敏斯特进行辩论的时候，先要喝上几杯"雪利白葡萄酒和白兰地"给自己壮壮胆，所有他才拥有了"荷兰勇气"的美名，可以自由地表达自己的观点，就像在自己家里一样。

1780年，爱尔兰人威廉·加维受父亲的委托来到西班牙买细毛羊。他的船在海上遇险，一位西班牙舰队的船长救了他一命，并让他住在自己位于雷亚尔港的家里。他把羊毛寄回家，而自己却留下来娶妻生子，开始了他的葡萄酒生意。这就是现在仍然存在的加维公司的传奇故事。

1809 年，19 岁的乔治·戈登·拜伦勋爵拜访了早在 1746 年就扎根在赫雷斯并从事葡萄酒出口的亲戚。他住在亲戚家宽敞的客房里，房间紧挨着酒窖。很难想象这位刚刚结束了自己在剑桥大学学生生涯的年轻人可以清醒地上床睡觉。他在自己的成名作、浪漫史诗《恰尔德·哈罗尔德游记》中写了很多关于加的斯的诗句，无论是狂野的风光，还是热情的西班牙女郎，都给这位年轻的诗人留下了不可磨灭的印象。

18 世纪中叶开始，英国和西班牙的合作越来越多。葡萄种植者和大地主与英格兰金主携手进入广阔的世界销售市场。奥斯本、特里、戈登、加维、达夫、亨伯特＆威廉姆斯、冈萨雷斯＆拜斯都是从葡萄酒商行起家，将葡萄酒或者雪利酒卖到英格兰，后来也转向白兰地的生产。白兰地和雪利酒的生产密不可分，而且联系越来越紧密。

雪利酒需要葡萄在数百年之间保持一贯的高品质，所以被认为是白兰地品质最好的证明。而且为了获得独特的品质，白兰地需要使用雪利酒生产过程中曾经使用过的橡木桶来储存。雪利酒可以重新和葡萄酒馏分混合。

白兰地主要作为在家里或者特殊的节日饮料饮用。法国酒一开始就以英国消费者的口味为导向，而赫雷斯的白兰地却有着丰富的多样性，而且多得有时候让人抓狂，尽管它们都是用阿依仑葡萄酒做成的。在蒸馏前可以在原酒里加上桃子和其他水果、杏仁或坚果。

一步一步从上到下：索莱拉

即使在西班牙，有时候葡萄酒桶也会在仓库里堆积如山，因为禁运无法交付。

酒窖应运而生，这里不仅空间充足，而且通风良好，十分阴凉。砖砌的拱门和柱子、悬挂着草席的窗户和半明半暗的光线让人不禁想起教堂中殿。酒桶可以在这里等待交付，而且品质不断提升。

酒桶经常会摞起来，最少有三层。最底下的一层被称为索莱拉，这个词源自"Suelo"，有底下、地板或基础的意思。其余的被称为"克里亚德拉"[1]。倒酒的时候只从最底层倒1/3，然后将上一层酒桶里的酒补充到下一层。这样雪利酒或白兰地经常会经历数十年的动态成熟和混合过程。孔德加维是最贵的白兰地品牌之一，一瓶有200年历史的索莱拉方法做成的60年陈酿要花850欧元。

按照索莱拉方法进行储存是赫雷斯白兰地最主要的特征，这种生产工艺保存至今。赫雷斯白兰地监督管理委员会并没有像科涅克一样规定用于加工的原酒的出处，而是规定了特殊的储藏和保存措施，也就是"陈化"。橡木桶取材于美国橡木，酒桶里的雪利酒必须保存至少三年，特殊的气候赋予了白兰地的独特属性，包括三种质量等级的划分：索莱拉的保存年份至少是一年，索莱拉陈酿至少是三年，索莱拉特级

---

① 创造者。

陈酿至少是十年。

赫雷斯白兰地必须保存在圣玛利亚港、桑卢卡尔和赫雷斯的酒窖里。这里每年会生产 8000 万瓶白兰地，其中 1/4 用于出口。

赫雷斯的佩德罗·多米奎酒窖于 1874 年生产出了第一瓶赫雷斯白兰地。佩德罗·多米奎将其称为"创始者"。据说他在自己的酒窖里发现了一桶被遗忘的用来制作雪利酒的原酒，品尝之后觉得异常美味。故事听起来很像是真的，而这个放在架子上用软垫垫起来的酒桶现在依然印在酒的标签上。

100 年之后，这款白兰地成为欧内斯特·海明威著作《死在午后》中英雄的饮料，也出现在他的《太阳照常升起》一书中。他会若有所思地想起新鲜的大虾、垂钓之旅和畅饮创始者，喝完酒之后拂去从西班牙公路上沾染的尘埃。"健康，金钱和爱……和永远的创始者！"这是 60 年代随处可见的广告词。

上帝之作与恶魔之手——鲁马萨丑闻

在同一时期，也就是 20 世纪 60 年代初期，新的经济政策得以实施。佛朗哥为了争取自给自足，在内战之后闭关锁国，然后采取谨慎的开放政策，拓展旅游业——特别是在安达卢斯，奉行经济自由主义。促成这次转变的设计师是新的领导层和各部部长，他们大多数来自天主教西班牙主业会。他们所追求的目标就是终生侍奉上帝，其核心自古以来就是关于罪恶和责任，所以他们要经常祷告，严格遵守作息时间，绝对听从牧师，实行严格的性别隔离。"我的错，我的错，我铸下的大错……"西班牙主业会的拥趸一边连祷一边自虐。为了祭奠基督所受的苦难并祈求他的原谅，他们用棍子锤击膝盖，用小绳子结起来的鞭子鞭打自己的背部和胸部。成员需要事先戴上赎罪带，这是一条内侧有刺的金属带。而且规定牧师必须佩戴。

赫雷斯的首任佛朗哥市长唐·阿尔瓦罗·多米奎就是这个基督教精英组织的成员之一。这个组织渗透到学术界和经济界的高层。加入主业会的企业家不仅能获得永恒的心理救赎，还能获得很多世俗的好处，因为组织的成员们相信金钱能够证明他们对上帝的热情，所以他们会获得银行、法院和政府机关的支持。来自赫雷斯的佐洛·鲁伊斯·马迪奥斯于1963年加入主业会之后，在不到20年的时间里建立起一个拥有245家企业的庞大集团，其中包含很重要的酒窖和酿酒厂，员工达到65000人。另外，他成了整个大陆上最大的地主。1969年他成了西班牙最大的雪利酒生产商，他的酒窖里储存了大约100万瓶酒，控制了雪利酒三角地带全部出口额的1/3。他的集团变成了酒类行业的卡特尔，人们开始担心这样会对西班牙的优势产品白兰地的生产过程和品质产生不利的影响，不光是那些担心会被收购或者赶走的小企业家，主业会也站到了他的对立面，甚至是章鱼[1]主业会。

1982年，佛朗哥去世7年之后，费利佩·冈萨雷斯带领

---

[1] 上帝的海怪。

西班牙工人社会党赢得了大选。新的社会主义政府的第一项举措就是将鲁马萨[1]康采恩国有化。鲁伊斯·马迪奥斯拒绝政府审计，伪造或隐匿文件，后来因为逃税和伪造证件罪被判刑，他的康采恩大厦轰然倒塌。鲁马萨丑闻导致的直接结果就是建立了赫雷斯雪利酒全国管理委员会，以监管雪利酒和白兰地生产，确保品质。

马诺洛·普列托的公牛

电话来得很晚。他们整夜狂奔，从安达卢斯到加泰罗尼亚。费利克斯·特哈达从1946年开始做锁匠，经历过很多事情，但是亲眼看到4000多公斤重的金属、坠落的柱子和扭曲的金属板从埃尔夫鲁克的山上散落，竟让他在2009年2月清晨目瞪口呆。不知道什么人费了很大力气把一只象征奥斯本公司的公牛弄垮了。

西班牙高速公路旁有超过90个这种高达14米的广告牌，后来不断有人攻击这些大家伙。这样的尺寸会产生大约150平方米的投影面积。一方面这是资本主义的象征，分裂分子将其看作中央集权的标志，对于其他人来说这是西班牙大男子主义的符号。在马洛卡，这头公牛被涂成彩虹色，变成了"同性恋公牛"。有人切掉了牛的睾丸，摘下犄角或者尾巴作为战利品，在它身上画上靴子和脸谱。

① 鲁伊斯·马迪奥斯公司。

一旦有人搞破坏，塞纳·特哈达和他的三个儿子就会走上前来，将损坏的部件拿到圣玛利亚港的工厂里修好。每头公牛拥有 150 个零件，需要上千个螺丝来固定，通过水泥地基上的柱子支撑。

　　公牛的历史可以追溯到马德里的亚速尔广告公司所获得的一份利润丰厚的合同。奥斯本是最大的雪利酒和白兰地生产商之一，它想给酒瓶做一个新标签，然后在墨西哥出售。

　　1956 年，广告公司的艺术总监马诺洛·普列托设计出一头强壮的公牛，牛的犄角非常有特点。牛头转向左侧，暗指普列托的过去。这位训练有素的艺术家在内战期间是一个共产主义宣传组织的成员，负责制作传单和军报，后来他在前线被子弹打伤，住院治疗免去了他的牢狱之灾，内战结束后他去了马德里。1956 年，学生们反抗佛朗哥学生组织的强制会员义务，遭到了政府的血腥镇压。这些印记促成了普列托今天为奥斯本公司所做的商标。

　　安达卢斯公牛不能驾犁，无法从事农耕，它是用来战斗的。它的叛逆、傲气和自由精神代表了不一样的西班牙，与教会、秩序和家庭，以及佛朗哥文化政策的格言格格不入。了解内情的人知道如何解读这个符号。

　　奥斯本公司一开始对这个设计不太满意，不过还是于 1958 年决定将这个全新的商标做成了广告牌。然后出现了 4 米高的木牛，上面写着奥斯本公司的名字。1961 年，普列托在他弟弟的装配车间定做了第一头金属公牛，他的侄子费利克斯·特哈达也在这里工作。牛高 7 米，对气候的适应性强，最重要的是非常结实，它很快就矗立在通往马德里的高速公路旁。

按照规定，为了保障交通安全，广告牌和道路之间的距离至少要保持 125 米，奥斯本把公司的名字去掉了，把公牛移到农田里，然后整个放大到 14 米高，效果出奇地好。随着 60 年代旅游业的发展，这个形象驰名海内外。1972 年，《纽约时报》在《公路旁的巨型公牛》一文中用它做星期天增刊的封面，将它称为佛朗哥之后新西班牙的先驱。1994 年西班牙颁布的"新公路法"要求将其拆除，此举在全国范围内引起了抗议的热潮，特别是在安达卢斯。这次抗议席卷了所有的社会阶层，并得到艺术家、文化协会和记者们的坚决支持。其实可以这样认为，这头狂野的公牛已经成为安达卢斯和整个西班牙的象征。最终，最高法院做出判决，将这头黑色的巨兽放到西班牙的高处。

但是奥斯本公司却失去了对其标志的独家所有权。

公牛创造者的传记似乎已经被人们遗忘，而家乡圣玛利亚港为他建了一座博物馆。锁匠费利克斯·特哈达的儿子们继续着他们的伯父马诺洛开启的金属公牛事业。

旅游业的塑造力

旅游业是西班牙重要的经济支柱。随着旅游业的发展，雪利酒和白兰地的销量也节节攀升。游客们离开阳光海岸时会带一些纪念品，缅怀在沙滩上的漫漫长日和异域美食。这里的咖啡也独具特色。清早上班之前、午休时分、饭后或者深夜，人们任何时候都能在西班牙的咖啡馆里碰到大家在喝茴香酒咖啡或者茴香烧酒咖啡。这是一种加了很多糖的浓缩咖啡，倒在燃烧的白兰地上面，游客们也兴致盎然地模仿。

20世纪60年代初期，德意志联邦共和国掀起了一股喝白兰地的热潮，肇事者就是一种叫"卢蒙巴"的酒。这种酒的制作方法就是把白兰地和巧克力加冰混合在一起。帕特里斯·卢蒙巴是刚果的第一位黑人总理。他的祖国物产丰富，1961年，国王博杜安同意了刚果的民族独立，但其经济仍然受到比利时的控制。当时只有30位刚果公民获得了学位，年轻的共和国急缺本国专家和公务员。卢蒙巴公开批评了前殖民国家的专制统治，他先到美国去寻求经济和发展援助，而美国人对此不屑一顾，然后他就想转向莫斯科，不过还没等到跟俄国人接触，美国中央情报局就应比利时国王的请求将他驱逐了。他被逮捕，遭受酷刑折磨，最后被害，他的遗体被肢解，然后用蓄电池酸溶解掉了。对他的评论至今都有争议，卢蒙巴到底是高尚的自由战士，还是黑色种族主义者。直到2012年，比利时才重启了对卢蒙巴一案的调查。

旅游业不仅给西班牙带来了外汇，还有不同类型文化带来的冲突。只有处女才能结婚，性生活仅仅是为了繁衍，避孕药只能私下出售，男人不敢正眼看马贝拉沙滩上的比基尼女郎，不管是哪里来的人都在这里自由地享受着假期，托雷莫里诺斯迎来了第一批嬉皮士。

霍恩洛厄王子阿方索开的马贝拉俱乐部充满着传奇色彩。

这位西班牙贵族在这里会见了冈特尔·萨赫斯、布里格特·巴多、奥德丽·赫本、奥马尔·沙里夫、里斯托特莱斯·纳西斯、沙特王储和阿迦汗，托马斯·特里也经常在此出入。他拥有与自己同名的白兰地公司。除了做酒类生意，他还热衷于养马，致力于培养卡尔特马古老的安达卢斯品种。这种马生性急躁，不过易于驯化，对人类比较友好。他的饲养非常成功，所以现在将这种马称为"特里马"。

尼科与白马

1962年，他选择了最好的马作为白兰地品牌百年特里的标志，弘扬了西班牙几个女神。电视上的第一则酒类广告讲述的就是一位白兰地爱好者一只手拿着烟，一只手拿着一杯特里，身后的背景是安达卢斯连绵的山丘。情节表面上看起来波澜不惊，但是当时正值国家动荡之际。获奖的白马德斯加拉多二世没有安装马鞍，骑在它背上的正是尼科，她后来成为沃霍尔缪斯和地下丝绒乐队歌手，她飘逸的金发随风摆动，衣着简单的白色男礼服衬衫。打扮之所以如此简单，是对天主教偏执狂的回击，而对白兰地和马术爱好者来说确是莫大的喜悦。受影响最大的还是年轻的观众，这项运动充满情色的潜台词经常出现在这一代青少年骑士的脑海和梦想里。

第二期
伏特加

★ ★ ★ ★

Zweites Semester:
Der Wodka

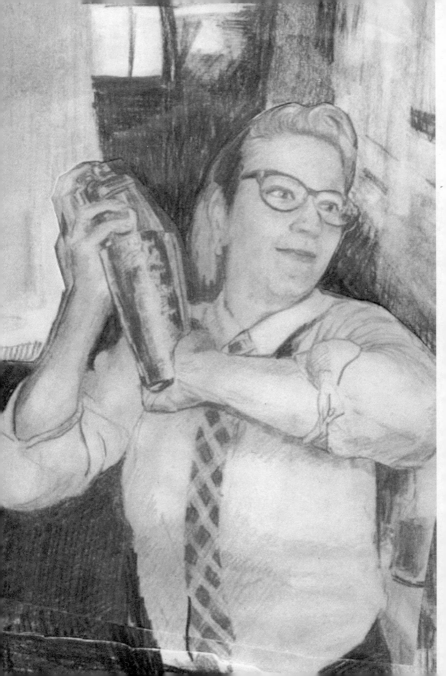

> "我酗酒不厉害。
> 有时候也会有几个小时
> 我是滴酒不沾的。"
>
> ——诺埃尔·科沃德

1955 年的拉斯维加斯，金沙酒店的服务员在听到 13 楼的早餐订单时几乎不敢相信自己的耳朵，出于保险起见，他又问了一次。汉弗莱·博格特就住在这里，和他在一起的是劳伦·巴卡尔、弗兰克·西纳特拉、朱迪·加兰、斯威夫特·拉扎、罗曼诺夫一家和其他几个人。他们坐着私人飞机来观看诺埃尔·科沃德的歌舞表演，预订了紧挨在一起的几间套房。首映晚会持续了很长时间，晚会现场被弄得湿漉漉的。他们在早餐的时候点了 300 杯血腥玛丽。在接下来的整整一个小时里，服务员像空运飞行员一样，托着装满叮叮当当玻璃杯的托盘穿梭在酒店走廊的厚地毯上。

伏特加是当时最受欢迎的饮料。这种来自俄罗斯的清澈烧酒是最新的时尚饮品，在洛杉矶迅速扩散。而它真正为社会所接受是源于霍安·克劳福德在她的庄园里举办的传奇晚会，当时邀请了众多好莱坞名流，所有人第一次只喝伏特加和香槟。这位女演员引领了好莱坞的潮流。她的很多同事也都喜欢伏特加，因为即使喝上一晚，第二天也能保持口气清新，它成了轻松高贵生活方式和饮酒文化的代表。斯米尔诺夫在50年代的广告里将其称为"白威士忌"，广告词是"让你无法呼吸！"，这是一语双关的表述，既可以表示喘不过气，也指嘴里没有酒气。

血腥玛丽

它可能是"僵尸复活"饮料集团或者宿醉饮料最著名的代表。在一只大高脚杯里放上三四个冰块，然后来一份伏特加（4—5毫升），加上2毫升桑丽塔辣汁（一种辣蔬菜汁），少许辣酱油，少许柠檬汁，来点辣椒仔、蔬菜盐和现磨黑胡椒，然后倒入番茄汁搅拌均匀。我们建议用脆芹菜来装饰。

这款饮料是佩泰·彼希厄特1921年在位于巴黎的纽约酒吧里开发的，伏特加早在20世纪20年代的法国就已经很出名了。1917年之前，俄罗斯的贵族们在法国海滨度假胜地的夏季行宫里消夏的时候就随身带着他们最喜欢的饮品。现在，白俄罗斯的移民坐在巴黎的酒吧里喝血腥玛丽来消解乡愁和革命情怀。在沙皇俄国时期有一种类似的饮料，只不过稍微简单一些，名字叫"红色喀秋莎"，是用伏特加和番茄汁做成的。经典的血腥玛丽还有其他几种版本：其中一种很少见，叫作"公牛子弹"，它用的不是番茄汁，而是加倍浓缩的浓肉汁；另一种叫作"蛤肉番茄"，它在美国东海岸非常受欢迎。它也不用番茄汁，而是使用贝类汤汁或者贝类水分。有一种血腥玛丽和公牛子弹的混合形式，起名"血腥子弹"，用的是伏特加和一半番茄汁一半法式清汤。

对于一名资深饮酒者来说，他在日常生活中的作用可以用赫夫·查耶特和阿莱恩·韦尔《鸡尾酒》里的一段话来描述："很少有这种感觉，不知道自己到底是在吃东西还是喝酒。不知道究竟是不是应该忏悔作业所为，还是应该追随自己的欲望，从哪里结束就从哪里开始。"

伏特加到底是如何征服美国市场的？在它的故乡，布尔什维克首先向俄罗斯国民饮料宣战，出口彻底中断，最后的酒厂，包括私人酒厂，都被收归国有。酒厂主的财产全部充公，他们不得不背井离乡。艾布卓达·斯米尔诺夫之前是皇家供应商，也是俄国最富有的人之一，他受到极大威胁，多次被捕并被判处死刑，不过在最后一刻被赦免。最后他冒险取道波兰转经君士坦丁堡，最后逃往巴黎。他的手提箱里装着生产优质伏特加的配方和在巴黎附近的库尔布瓦开一家新的酒厂所需的启动资金。20世纪20年代中期，斯米尔诺夫的粮食供应商鲁道夫·库内特也来到巴黎。他因为害怕革命逃离故乡，在法国做起了美国化妆品公司海伦娜·鲁宾斯坦的代理商。

库内特买下了斯米尔诺夫的伏特加在美国、墨西哥和加拿大市场上的冠名权，他期待着禁酒令早日解除，这样就可以让伏特加在美国站稳脚跟，这一天他等了9年。1933年12月5日禁酒令取消，第二年伊始，鲁道夫·库内特就在康涅狄格州伯特利一间仓库的二楼开始生产"斯米尔诺夫父子"牌伏特加。不过他没有挺过创业初期的难关，公司最好的时候也只有8名员工，每年生产不到6000箱伏特加，直到约翰·G.马丁给了他14000美元，并许给他经理的位置，斯米尔诺夫伏特加在美国的销路才开始有起色。马丁是原加拿大休伯莱恩公司的共同合伙人，主要从事红酒和国外烈酒进口贸易。他非常忙碌，后来发现他的朋友杰克·摩根非常适合做合伙人，可以帮助他推销产品。摩根在洛杉矶拥有一家热闹的餐厅，名字叫"公鸡和公牛餐厅"，副业是生产柠檬水，而且在英国获得了姜汁啤酒生产许可证，所谓的姜汁啤酒就是新鲜生姜根、柠檬汁、糖和水做成的饮料。禁酒令解除之后，他生产的低酒精含量饮料的销量受到很大影响。1947年，这两个好朋友在"公鸡和公牛餐厅"里把伏特加和姜汁啤酒混合成了一款大杯饮料，期望能让这款原来的俄国粮食酒在美国有所突破。

莫斯科骡子

这款饮料就是在美国销售的早期伏特加，而现在姜汁啤酒经常错误地用易于生产的姜汁和简单的柠檬水来代替，而两种产品的口味迥异。后来加入了一剂柠檬汁、黄瓜皮和一块新鲜生姜。

马丁和摩根举行了一场盛大的比赛来推销他们的大杯饮料。他们研究出一种铜质马克杯，在海报上能看到著名影星伍迪·艾伦或格鲁乔·马克思从一堆铜杯底下偷窥。休伯莱恩的员工推销饮料的方式非常有个性，而且很有效。他们手持当时非常新奇的宝丽来相机穿梭在酒吧中，让调酒师给他们做一份莫斯科骡子。每一款饮料他们都会拍两张照片，其中一张送给调酒师，另一张带到下一家酒吧，然后告诉大家，有品格的酒吧都会做莫斯科骡子。

> "人不能只靠面包活着，
> 很快就需要喝一杯。"
>
> ——伍迪·艾伦

回到20世纪50年代初的美国，冷战冷却了人们对白威士忌的热情。麦卡锡时代的"反美活动委员会"让当时的气氛非常紧张。伏特加？这不是直接从敌国来的吗？为什么莫斯科骡子刚好用伍迪·艾伦和格鲁乔·马克思做广告？他们两个原来不也是共产党吗？好莱坞是不是都被布尔什维克细菌侵袭了？

纽约1953年爆发了一场抗议伏特加的游行。游行的组织者是善意的爱国者，参与者包括ABU（美国调酒师联盟）的代表团。海报上写满了"我们不需要共产主义饮料！""打倒莫斯科骡子！""抵制斯米尔诺夫！"。斯米尔诺夫的反应是在最重要的日报上刊登大幅广告，告诉大家他们的伏特加绝没有受到布尔什维克的污染，而是深深地镌刻在康涅狄格州保守的新英格兰的内心深处，而且是用美国粮食做成的。对所谓的共产主义饮料歇斯底里的警告并没有阻止俄国国酒在阶级敌人国家的胜利进军。它日益增长的普及度不仅仅得益于巧妙的市场营销策略，主要还是历史条件下美国饮料产业的结构性变化所导致的。禁酒令并没有让美国人停止喝酒，只是中断了美国饮料业的发展。消费转移到非法渠道，利润都流进了犯罪组织的腰包。受益的还有位于加拿大和古巴的酒厂，他们库存了大量酒，在 1933 年 12 月 5 日禁酒令取消之后，大量涌入美国市场。美国卷入"二战"之后，生产商又受到国家控制，他们的酒精用在了战争必需品（如燃料和橡胶）的生产上。战争结束之后，超过 10 万名饥渴的士兵载誉而归，对烈性酒的需求出现井喷式增长，伏特加很快就解决了这个问题。它既不需要经年累月的存储期，也不需要昂贵的容器，它的度数和效率与战后的生活感觉很般配。1950 年，美国的生产商卖出了 4 万箱伏特加，5 年之后已经达到 110 万箱，1956 年一年之内的消费量就增加了 4 倍。

一些酿酒厂起源于美国中西部的玉米种植带，如肯塔基州、田纳西州和伊利诺伊州。酒的名字听起来很像俄语的民俗展示，例如"莫斯科大剧院""屋顶上的提琴手""马约斯卡""卡婷卡"，希望这样可以让产品获得哪怕是肤浅的真实性。1962 年，詹姆斯·邦德在和诺博士的战斗中第一次在他的马提尼酒里加了伏特加，而不是杜松子酒，美国酒吧文化的圣像倒下了。1963 年，伏特加的消耗量第一次超过了威士忌。1976 年，又超过了杜松子酒。20 世纪 80 年代，瑞典的绝对伏特加以全新的理念征服了市场。纯粹的酒瓶设计成为野心勃勃的艺术广告策略的研究对象。安迪·沃霍尔等知名艺术家、摄影师、服装设计师、建筑师，以及各个领域的创意大师们精诚合作，将绝对牌变成了年轻白领酒吧里狂热崇拜的对象。如今，伏特加已经深刻地融入了美国的饮酒文化，每一间酒吧都会有伏特加。而且市场还在继续扩大，据估计，现在酒水商店每卖两瓶酒，其中就有一瓶是伏特加。

"凡喝这水的，还要再渴……
人若喝我所赐的水就永远不渴。
我所赐的水，要在他里头成为泉源，
直涌到永生。"
《约翰福音》，第4章，第7—15节

此处流淌的是著名的生命之水，当时称之为"Aqua vitae"。从《圣经》的这段文字里可以看出，富有实验精神的意大利僧侣们早在公元1100年就掌握了蒸馏的艺术。它的名字就叫水，准确地说叫细流，因为伏特加（Wodka）其实就是从"水"（Voda）这个词缀演变而来的，波兰语和俄语都是如此，而且两个国家都宣称自己是伏特加的发源地。俄罗斯历史学家威廉·波赫列布金根据莫斯科一座修道院中的档案记录发现，早在公元1430年就开始使用粮食酿造伏特加。朝圣的僧侣们在罗马发现了新的蒸馏技术，并将其带回俄国。在回到初多夫修道院以后，在没有葡萄，更别说葡萄酒的情况下，他们开始用粮食作为酿酒的原料，俄国人认为这一刻标志着伏特加的诞生。波兰人找到了更早的记录，证明早在1405年就有关于伏特加的书面描述，当时是用黑麦做成了高度白酒。基于民族自尊心、经济利益和政治局势，俄罗斯和波兰将这一争端诉诸欧洲法院。2003年，法院做出了有利于俄罗斯的判决，波兰人到现在都对此耿耿于怀。其实我们也没法弄清楚伏特加的发源地到底在什么地方。事实上，波兰早在 13 世纪就已经是重要的农业生产中心了，当地剩余的农产品都会经过维斯瓦河运输到波罗的海沿岸，然后转运到整个中欧，所以波兰掌握了生产伏特加的原材料。如果掌握了蒸馏技术的教士确实是从意大利回到东方的，那很容易就能分析出来，他们回俄国之前会先在波兰工作一段时间。

在中世纪盛期，伏特加在波兰主要用作医疗和美容补品，而且波兰人在使用过程中很有可能培养起使用香料的传统。早期有时候会在酒里加入山梨、苹果、芦荟、杜松子、蜂蜜和坚果，有些品种的酒到现在依然存在（库布尼科、亚泽比亚克），而"戈勒扎尔卡"是农民对简单黑麦酒的称呼。根据历史记录，最早大量生产伏特加的是国王约翰·阿尔布雷希特，就在他去世前不久，刚刚在波兰获得酿酒权。在接下来的 16 世纪，史称"黄金时代"，波兰施行贵族民主制，小贵族（施拉赫塔）和巨头们选举国王，参与立法。在克拉科夫建立了第一所大学，意大利文艺复兴对艺术家和建筑师产生了极大影响，宗教宽容与活跃的经济生活息息相关。1565年，政府开始对伏特加贸易和生产征税，1572 年开始，蒸馏权成为贵族的特权。克拉科夫和波兹南是伏特加生产中心，尤其是波兹南丰富的水利和农业资源，包括便利的交通条件。1580 年波兹南的人口只有 2 万人，而酿酒厂却达到 49 个。18世纪中期开始，波兹南的伏特加经过丹孜格运往圣彼得堡，通过奥德河销往德国和波兰，途经布雷斯劳直到西里西亚、维也纳，继而运往摩尔多瓦、葡萄牙，一直延伸到黑海沿岸。俄国、奥地利和普鲁士分别于1772年、1793年和1795年上演了瓜分波兰三部曲。

奥地利瓜分到加利西亚，俄国得到波兰东部一直到布格河的地区，普鲁士获得包括波森①在内的波兰西部和西里西亚部分地区。在俄国占领区，凯瑟琳大帝承认波兰贵族酿造高品质伏特加的特权，波兹南地区也受益于弗雷德里希·威廉三世最初的平衡政策。他建立了波森公国，其中521000名波兰人与218000名德国人和50000名犹太人接受普鲁士的双语统治，和平地生活在一起。这一地区平静的生活为总督安东尼·拉齐维尔带来了自治的机会，他是肖邦和歌德的朋友。1823年的农民解放运动释放了大量经济强大的中型农场，波兰迄今为止最大的酿酒厂也是在此期间建立起来的。哈特维希·坎托罗维奇接手了一组之前为普鲁士骑兵团修建的建筑群，在成为新主人后他就着手生产一种非常特殊的伏特加。他在波兹南一家报纸举行的伏特加比赛中发表的演讲非常成功，评委异口同声地为之欢呼"怀尔博伊"，因为这是一款非常清澈，口味纯正的伏特加。从此，坎托罗维奇的佳酿获得了官方荣誉冠名。

1830年爆发了华沙十一月起义，反抗俄国外族统治。2500名波森公民受到浪漫主义思想的鼓舞，奋起反抗，其中包括总督的弟弟。此次事件一举改变了波兰的政治格局，包

① 波兹南的旧称。

括普鲁士占领的西波兰。波兹南变成了兵营和堡垒，政府和学校的官方语言全部改成只有德语。而伏特加已经植根于波兰文化，所以即使在普鲁士占领期间得以幸免。《凡尔赛条约》让这片备受战争蹂躏的土地重新获得独立，人民投入到重建工作中。同年，波兰政府施行了酒精国家垄断。1927 年，怀尔博伊登记成为国际贸易品牌。1939 年希特勒闪击波兰，结束了波兰短暂的独立期，波森也变成了瓦尔特高。波兰人和犹太人受到迫害，有超过 75 万人被驱逐出境或者被绑架到德国做苦役。希特勒 1940 年占领了整个波兰，整个国家的经济陷入停滞。

二战结束的钟声并没有为波兰带来和平。先是持续 2 年的内战状态，后来建立了共产主义政权。斯大林说过，哪怕给牛套上鞍子，也比让波兰人变成共产主义者更容易。波兰的经济实行国有化，进行集中生产，仅存的 29 家酿酒厂被波尔莫斯[①]接管，纳入 5 年计划，出口贸易由对外经济中心阿格若斯负责。由于波兰的集体农业化从未得以真正实施，75%的耕地仍然是私有财产，所以个别酿酒厂就跟当地种植黑麦的农民保持着紧密的联系，这样就保留了怀尔博伊的品质和地域特色。它被销往友好的社会主义国家，也包括西欧国家，主要是英国。英国人从 20 世纪 60 年代开始流行喝伏特加。

苏联解体之后，过渡到市场经济，波尔莫斯也随之解散，酒厂进行了私有化改造。之前的波兹南波尔莫斯与保乐力加 /

① 酒类生产中心。

里卡德合作接管了怀尔博伊品牌。合作保障了对酒厂灌装、过滤和包装设备进行现代化改造所需的资金，同时酒厂继续保持着跟 31 家周边小酿酒厂的合作。他们会在当地对黑麦进行加工，然后将制作的原酒运往波兹南，在这里对其进行精馏、稀释、过滤和灌装，年产量可以达到 900 万升。

我们回到一开始的问题上，伏特加的发源地到底在哪里？俄国 15 世纪引入轮耕制之后才有了粮食结余。修道院最先开始酿酒，产量提高之后开始卖给私人小酒馆，这里成为农村生活的中心。大家在这里碰头，举行庆祝活动，一起喝酒吃饭。年轻人在院子里载歌载舞，大人坐在里面喝啤酒、红酒和蜂蜜酒。在黑暗的小"洞"里，老顾客汇聚在一起畅饮伏特加。这种酒馆从中世纪开始就出现在白俄罗斯、诺夫哥罗德和乌克兰。

俄国农村的生活方式为饮酒提供了很多便利。在"维京河烤肉节"上，人们聚集在空旷地带、农村酒馆或者当地牧师家里，神职人员可以把原始的异教节日融入教会生活。节日聚会由一位长老负责组织，环形酒杯里斟满了伏特加或粮食酒。除此以外，还包括生日、洗礼、订婚、婚礼、葬礼、圣名纪念日、生日、圣灵降临节、复活节、圣诞节、沙皇生日、圣人纪念日和商业交易庆祝等等。数量繁多的农村活动极大地影响了农业，偶尔会造成粮食歉收。索尼娅·玛格丽娜 2004 年出版的《伏特加》一书中介绍，截至 1861 年农民解放运动，刨除一年一度的庆祝活动之后，农民工作日只剩 140 天。雅罗斯拉夫尔省的一位牧师在 1840 年向"俄罗斯地理学会"报告称："即使不是假期，农民也不会放过喝醉的机会。周日的弥撒结束之后他们会喝得酩酊大醉，酒馆里几乎每天都会有流血事件，不过哪怕有人受重伤也不会诉诸法律。曾经出现过的奇葩情况包括打架双方中间停下来问自己，我们到底为什么打架？一般来说不管是这样的问题还是双方的怒火，都可以用一桶伏特加来解决。女人们从来不去酒馆，不过在家庭节日里她们也会有机会喝醉，而且会教自己的孩子喝酒，所以经常会看到既不会说话也不会走路的小孩伸出小手去够伏特加。一个四五岁的小男孩可以喝掉一整杯伏特加，而且对未婚的年轻女孩来说也不是什么问题。"

当地的神职人员当然也会参加庆祝活动，同样是来自雅罗斯拉夫尔的报道说，在复活节村庄与村庄之间的游行期间，弥撒结束之后会赠送传统的复活节礼物，然后喝掉大量伏特加。在自己的教区，牧师和随从们几乎整个星期都是踉踉跄跄地走路，经常会把香炉和昂贵的圣像弄丢。

1547 年，伊万四世，也就是"恐怖的伊万"登基之后，首先发起了对鞑靼人血腥的征服战，正是从他们身上学到了被称为"卡巴克"的国家酒馆。第一批出现在莫斯科克里姆林宫附近的一个河岛上，服务对象是恐怖沙皇的"奥格里尼基"[①]。卡巴克很快就遍布全国，他们可以酿造和出售伏特加，只不过收入几乎全都流进了沙皇的国库。

中世纪酒馆的那种田园牧歌般的农村庆祝景象跟肮脏阴

① 保镖。

上帝的礼物：关于酒的故事

郁的国家酒馆完全不同，里面什么装饰都没有。当时有人描述过卡巴克里面的情景："门打开之后，每个人都可以免费入场。酒馆中间有一个装满伏特加的大酒桶。酒馆负责人的衣服和帽子都挂在上面，有时候会掉进酒里。不过除此以外，很多客人喝醉酒之后经常会把他们脏兮兮的衬衣掉进去，这些衣服之前也是被主人典当掉用来买酒的。外面四处散发着尿味的雪堆上躺着醉汉，有一个人满脸通红，另一个鞋都没了，而这一切都是为了沙皇。"

政府禁止卡巴克负责人装饰房间，也不准出售食物。任何事情都不应该打断客人喝酒，影响金币流进沙皇的腰包。一位英国游客1591年观察道："只要客人待在卡巴克利，任何人都没有任何理由把他们领出来，因为这会影响沙皇的收入。很多人都会在里面喝掉自己最后一件衬衫，最后光着身子走出来。"

卡巴克体系奠定了大部分俄罗斯人酗酒的基础。国家酒馆的收入不仅仅为伊万四世提供资金来雇佣保镖和进行战争，还包括扩建克里姆林宫和红场以及圣巴西尔大教堂，第一家皇室药房也因此诞生。药房还是用伏特加做药，治疗沙皇家族的心脏、胃、眼睛和情绪，可以用来处理伤口，头痛的时候也可以使用。

伊万四世之后即位的是阿列克谢一世，虽然人们称他为"温柔阿列克谢"，可他却是一个冷酷的算数家。1649年他颁布命令，禁止在国有卡巴克之外买卖伏特加。当时存活下来的酿酒厂被破坏，或者纳入当局控制之下。光是针对黑酒厂的惩罚措施就颁布了21部法令，而相对比较温和的判决是没收设备或进行罚款，很多人都被无情地投入监狱，或者绑在刑柱上施以杖刑，有的被流放到西伯利亚的集中营。17世纪末，伏特加的生产已经成为国家事务。彼得大帝统治期间更是以"每天喝酒，不醉不睡"为座右铭，酒水收入从1680年的35万卢布提高到1759年的超过200万卢布，占国家总收入的20%，后来这种所谓的"酒鬼预算"一度达到国家预算的1/3。

彼得大帝按照欧洲模式扩充了俄国军队，和平时期会定期给陆军和海军分配啤酒和伏特加。在一条军事法规中规定每天的供应为1.5升17度粮食酒，在战时变成3升啤酒和1/3升伏特加。另一方面士兵应该保证自己不会因为醉酒影响工作。对于那些烂醉如泥、忘记了自己的职责或者不太听话的新兵，沙皇彼得在军营里设立了第一批醒酒屋。如果士兵有严重违纪行为，例如未经允许缺席训练或者侮辱长官，那他就会获得一枚醉酒勋章。这是一种重达7公斤的铸铁勋章，一般都是给等待处决的罪犯佩戴。

一直到18世纪，伏特加的生产才跟酒馆剥离开，新建的卡巴克不再拥有自己的酿酒厂，租给出价最高的投标人，租户以固定的价格从国家买酒。他们在宣誓的时候需要亲吻十字架，所以就被称为"塞罗瓦尔尼基"①。他们必须宣誓维护沙皇的利益，维持价格稳定，不给伏特加掺水，而实际上大

① 接吻者。

家都会这么做。为了提高自己的利润开始往酒里兑水，然后添加一些胡椒、茴香、蜂蜜和浆果，包括烟草、砒霜或盐来掩盖伏特加低劣的质量，导致卡巴克里的伏特加品质越来越差。新执政的沙皇凯瑟琳大帝以荒淫无度闻名于世，她统治期间引入了双重体制，即贵族获得为自己和皇室酿造伏特加的特权，而所有其他人必须忍受国有酒馆里低劣的伏特加。虽然不是非常亲民，但是这些法令却有助于伏特加的发展。贵族的大型农场提供了最好的原材料，他们投资兴建现代化蒸馏器，改进了过滤器。很快就生产出高品质的伏特加，赢得了皇室的青睐。

1836 年俄国建成第一条铁路，从圣彼得堡通往巴甫洛夫斯克。这里曾经上演了无数暴行，所以当时的财政大臣康克林说："别的城市铁路都是连接重要的经济中心，而我们的第一条铁路却直接开到酒馆去了。"罗曼诺夫家族偏爱高度酒这一点众所周知，沙皇尼古拉每年的伏特加账单远远超过了豪华的法贝热彩蛋的开销，每年复活节和圣诞节他都会送给太太和女儿们彩蛋。由于老百姓对品质的要求越来越高，导致了 1860 年的"伏特加骚乱"。农民冲进卡巴克，摧毁了很多地方的蒸馏器，要求抵制税负繁重而且品质低劣的伏特加，为此甚至举行集体禁酒。沙皇在军队的帮助下平息了叛乱，参加禁酒运动的 800 名成员被判刑，有一部分被发配到西伯利亚。在沙皇亚历山大二世举行的伟大改革过程中，卡巴克包税制体系被废弃，取而代之的是对所有的饮料征收消费税。这样私人公司就第一次获得投资酒精的许可，新的酒厂层出不穷。在引入印花税之后，要求必须用酒瓶出售伏特加，所以出现了第一批伏特加品牌，在国际展会和展览上获得高度认可。

其中一位当时最重要的生产商就是艾布卓达·斯米尔诺夫。早在1877年他就被政府授予第一枚国徽，后来甚至拿到了圣安德鲁勋章。他花重金在1886年的诺夫哥罗德农业展览会上展出了自己的产品。他搭建了一个华丽的帐篷，搭配着花环和丝带，柜台后面站着一只训练有素的熊，手里托着一个盛满西伯利亚牌酒杯的托盘。酒瓶是黑色的，做成了熊的形状，由七大玻璃厂其中一家制造，每年光给斯米尔诺夫生产各种酒瓶就达到700万个。在节日帐篷的餐饮区，迎接客人的是穿着熊状制服的服务员，过了一个小时之后没有人知道自己的伏特加是从真的熊手里，还是从装扮成熊的服务员手里拿到的。此举大获全胜，给沙皇留下了深刻的印象，他当场将斯米尔诺夫定为皇室供应商，又给他颁发了一枚勋章。

有钱的上层社会，如贵族、大地主、富商和军队高官，在圣彼得堡的高级餐厅聚会时会喝进口香槟和科涅克，当然也包括高品质的伏特加。社会底层的生活状况日益热化，贵族极力阻挠必要的土地和社会改革，禁止工业中心的工人组建工会。工人在工厂的工作时间每天持续12—14个小时，但他们的工资根本不够养家糊口，城市里出现了野蛮的罢工。虽然废除了农奴制，但是农民如果想要自己耕种，必须买下土地，费用需要花上几十年才能还清，而且土地面积很小，收成也不高，很难支付利息，更不用说本金了。另外大部分农民都是文盲，他们陷入了一个没有希望的债务漩涡。分散的小规模农业经济无法满足日益增长的人口的需求。

1904—1905 年的日俄战争揭示了俄国子弟兵是如何深受酗酒影响的。在开赴前线或者兵营的路上，新兵抢劫了国有酒铺和车站餐厅。根据外国观察家的分析，俄国战争失利的灾难主要归咎于部分军官的酒精性精神病和军队酗酒成性。"是谁打败了俄国人？不是日本人，是酒精，酒精，酒精。"一位英国战地记者如实描述。1914 年，当俄国军队踏入第一次世界大战的战场时，沙皇尼古拉二世就已经清楚地看到了自己失败的命运。他下令关闭了所有的国有酒铺和旅馆，除了豪华机构。他废黜了战斗部队的酒精配给传统，希望提高自己军队的战斗力，同时重新建立起城市秩序，不断爆发的罢工和游行让城市变得岌岌可危。事与愿违，他失去了 1/3 的国家收入，引发了一连串事件，最终导致被迫退位。到了战争第 3 年的冬天，军队的供给形势陷入绝境，农民宁愿自己用粮食酿造伏特加，也不愿意政府按照最低价收购。圣彼得堡出现了面包短缺，士兵拒绝镇压罢工。饥荒在蔓延，前线士兵聚集在一起，站了工人一边，迫使沙皇于 1917 年 3 月 2 日退位，俄国革命开始了。

临时政府开始执政的早期措施之一就是收缴沙皇的酒水库存。很多地方出现掠夺事件，暴徒们发出"清理罗曼诺夫余孽"的呼声，冲进仓库和地下室，用炊具和水桶豪饮伏特加。这场骚乱史称"彼得格勒酒店大屠杀"，所造成的生命损失甚至超过布尔什维克几个月后的夺权斗争。莱维·维多维奇·布朗斯坦被称为列夫·托洛茨基,是第一位战争委员,也是红军的创始人,在面临圣彼得堡的局势无法掌控的情况下,命令士兵将所有的红酒和伏特加库存都倒进了涅瓦河。布尔什维克取得胜利之后,俄国也没有酒可以喝了。1920年,酒精业被收归国有,转而生产工业酒精,称之为"强制清醒"。地下酿酒者被定性为国家敌对分子和反革命分子,剥夺全部财产之后发配到西伯利亚。包括列宁也坚决反对酗酒,他将酗酒看作俄国人通往共产主义道路上的重要障碍。

"无产阶级不需要任何药物,拥有共产主义理想就足以推动阶级斗争。一个模范共产党员应该滴酒不沾,一个模范的国家不需要酒精的麻醉。"(俄共〔布〕第十一次代表大会)

1924年列宁去世之后,法律才得以放宽,首先解放的是红酒和啤酒,虽然有意识形态的考虑,斯大林还是恢复了伏特加的生产。正是依靠国家的伏特加垄断收入,才有足够的资金开展20世纪30年代的工业化运动。斯大林格勒战役取得胜利之后,战斗部队获得了每天100克伏特加的奖励。总体酒精消费很快就达到了革命前的水平。1940年,莫斯科的伏特加销售点就已经比鱼、肉和蔬菜加在一起还要多。

什么是伏特加?

伏特加是一种酒,它不只有一个原产国,而是有很多不同原产国。这些产品能不能都用同一个名字来称呼?到底什么是伏特加?它都有什么成分,是如何酿造的?

按照定义来说，它是一种农业酒精饮料。而使用哪些农产品来酿造根据不同的产地有所变化。波兰人和俄罗斯人传统上使用的是黑麦，这是一种普通的粮食，在中等条件的土壤中，即使气候条件不太理想也能获得不错的收成。波兰拥有 280 万公顷种植面积，是全世界最大的黑麦生产国。美国主要种植的是小麦，也可以用于制作伏特加。土豆也可以，现在乌克兰还有些伏特加使用土豆做原料。不过需要注意的是，用土豆做原料制作的伏特加有明显的不足，很难运输、储存，而且在发酵过程中会产生很多不希望存在的化学副产品。另外，土豆酿酒的效率要比粮食低 30%。也可以使用糖蜜酿造伏特加，这是一种在生产糖的过程中产生的废弃物，西班牙人就是这么做的。

无论使用什么原材料，都需要将其洗净、粉碎、加水混合并加热，将混合物中所含淀粉转化成糖，这样"香料"就出现了。发酵过程加入了酵母，经过三到四天完成，此时厚厚的黄色泡沫覆盖着大桶，这种麦芽浆的酒精含量是 8%。下一步是蒸馏，将麦芽浆加热到 80 度，因为酒精的挥发度是 77.8 度，这样水和残留物就分离了。为了避免产生杂质，只保留冷凝器的中间流，而且蒸馏过程会重复多次。这样就可以得到 80 度到 85 度的基酒，然后根据品牌的不同，可以加入去除矿物质的水或非电离水，也可以是天然软水，将其稀释成 35 度到 55 度之间的饮料。

最后一步是过滤，每个生产商都信誓旦旦地声称有自己的诀窍。早期的伏特加通过冷冻和解冻粗略地去除杂质，当时用蛋清、牛奶、沙子和瓷器做试验。现在使用的过滤技术第一步用纸过滤，然后通过活性炭，制作活性炭的原料首选俄罗斯桦木。这种技术是一位德国药剂师于 1780 年在圣彼得堡发明的。例如，现在生产的每一滴斯米尔诺夫伏特加都是从下到上经过 7 吨木质活性炭浓缩而成，整个过程可以持续 8 个小时。高级品牌在广告中提到自己通过银、铂或钻石粉进行过滤。经过高度精密的蒸馏和过滤产生的产品非常纯正，每一升包含超过 33 毫克杂质和芳香剂，而白兰地和威士忌每升可以达到 2600 毫克，所以可以看出伏特加的纯度、清澈、纯正。它是酒的原型，换句话说就是精华。

伏特加拥有无与伦比的色泽，醇馥幽郁，而且几乎可以跟所有的酒混合，这两点保证了它在所有酒里面的顶尖地位。有一种迷信的说法是，在酒吧的吧台后面，一瓶伏特加旁边永远不可能好好地放着一瓶杜松子。一些鸡尾酒可以选取一种酒作为原料，最著名的代表是马提尼或吉姆雷特。而且调酒师们也认为伏特加和杜松子并不是很合得来，如果让他们选一样作为自己最信赖的酒，假如调酒师并不是很专业，那他肯定会选其中一种或者另一款清澈的烧酒。

通往佩图什基的火车之旅

不管是海明威、布科夫斯基还是洛瑞，如果要跟俄国酒类文学大师维内迪克特·亚罗费耶夫比起来只能甘拜下风。他在前往佩图什基的旅途中为全世界奉献了精美的文学作品。

诗歌伴随着他从莫斯科乘坐郊区列车来到小城佩图什基，而且一不小心又坐回去了。整整36站，他一直在和其他旅客、逃票者以及乘务员喝酒，陷入了痴狂，对俄罗斯人嗜酒如命的特点和社会主义制度进行了剖析。

冷战阴云并没有影响伏特加的生产。苏联在1936年和1938年确定了莫斯科卡亚和红牌伏特加的配方，并建立了中央部门管理伏特加的出口。20世纪50年代末，苏联伏特加已经远销50多个国家。20世纪70年代随着苏联社会发展停滞，卫星城和简易房里的居民只能一边喝酒一边等着退休，酒精依赖成了所有社会阶层共同的问题，不管是工人、农民、艺术家还是权贵，因此导了巨大的经济损失。当时的疾病水平持续在33%左右，工伤事故成了常态，官方登记的酗酒者达到500万，因酗酒造成的全部经济损失估计达到1800亿卢布。

伏特加第二次在俄国历史的转折时刻发挥了决定性作用。1985年，戈尔巴乔夫当选新的苏共总书记。这位新的掌舵人雄心勃勃，他推行的自由化政策和改革注定了他对其他社会阶层的同情，而另一件鲜为人知的事情就是他反抗俄国酗酒症所做的斗争。他在《真理报》发表了一封公开信，题目叫《不要再让民族继续遭受毒害》，由此拉开了反酒精运动的大幕。伏特加的产量被降低，销售受到严格限制，销售点每天只开放几个小时，门前排起长队。按照酒票制度，每个公民每月只能分到一瓶伏特加。而柠檬水的产量得以提高，人们戏称为"矿物秘书"。

现在我们来看一看另一部俄语作品关于伏特加的介绍：

弗拉基米尔·索罗金在他的《莫斯科爱神》一文中描述了和朋友一起到"金巨人"餐厅吃饭的场景。大厅里的灯光辉映出戈尔巴乔夫反酒精运动的标语，餐厅不供应啤酒。不过服务员友好地提醒他们去找站在门口的一位俄国朋友，他照办了。过了几分钟之后，微醺的俄国朋友带回来一瓶矿泉水放到桌子上。一个西欧来的女孩问这是不是伏特加，他点头回答。她又继续问为什么放到矿泉水瓶里。"很难解释"，他说完这句之后转身走了。

戈尔巴乔夫一开始看起来想采取措施，只是没过多久，工人和农民就用自己酿制的烧酒填补了供应不足的空缺。一夜之间，科隆香水、玻璃清洗剂甚至制动液都被抢购一空，家庭黑作坊使用的糖也从货架上消失了。1988年，反酒精运动戛然而止。戈尔巴乔夫的继任者叶利钦并没有继续推行禁酒令，而且他自己喝酒这件事众所周知，在国际舞台上也为祖国的伏特加做宣传。在爱尔兰访问期间他睡过了，错过了跟阿尔伯特·雷诺兹总理的会晤。他的保镖不敢叫醒他，爱尔兰人等累了，就把红地毯卷了起来，给仪仗队放了假。在与教皇约翰·保罗二世的宴会上，他毫不掩饰自己对意大利女士的爱慕之情。他曾经主动要求指挥德国管弦乐队，而下飞机打招呼的时候伸错了手。不过不管发生什么事，伏特加总能让他心情愉悦。他的政敌亚历克斯·科尔扎科夫曾经报道他两次自杀未遂。其中有一次他把自己锁在一间桑拿浴室里。有人说他是一把没有保险栓的手枪，他带给世界的永远是意想不到的事情。

苏联解体后的前几年，随着国家酒精垄断的取消，俄罗斯的伏特加市场一度处于无政府状态。红牌伏特加和莫斯科卡亚等传统品牌假货泛滥，非法进口的伏特加对身体伤害很大。这对品牌形象来说是一个巨大的损失，像莫斯科卡亚到现在都没恢复过来。只是在过去几年，随着世界市场上出现的几个高端品牌，这款俄罗斯国酒才得以重新复苏。俄罗斯标准牌伏特加因1865年德米特里·伊万诺维奇·门德列夫的科学研究得名，他的研究显示，最理想的伏特加度数是40度。绿牌是一个比较新的品牌，它代表了历史上苏联时期产品所盖的质量标记。这些品牌都希望人们回想起俄国黑麦烧酒的悠久传统。

第三期
威士忌

Drittes Semester:
Der Whisky

卡丽·阿米莉娅·内申与"恶魔饮料"

> "是魔鬼让我这样做的。"
>
> ——菲利普·威尔逊

夕阳照进威奇托凯里酒店优雅的沙龙里，最后的光芒划过约翰·诺布尔的《沐浴中的克利欧佩特拉》，傍晚的一小撮客人一边欣赏这幅画作，一边品尝黑麦威士忌酒，享受着休闲时光，这是一款纯正的美国黑麦威士忌。1900 年 12 月 27 日，美国中西部最高贵的酒馆开业了，开启了一个让堪萨斯州颤抖的新时代。卡丽·阿米莉娅·内申走进了酒馆，或者说像最后审判的扫帚一样扫过，想把一切罪人直接扫进永恒诅咒的血盆大口。她一直公开反对"恶魔饮料"，她的话回荡在浩瀚的草原上，就像被屠戮的水牛群沉重的脚步，而尘土飞扬的牧场上，牛群已经在悠闲地吃草。堪萨斯州一直以来都禁止生产和销售酒精饮料，不过几乎没有人把这个当回事。

卡丽·阿米莉娅已经对语言的力量失去了信心，现在是该付诸行动的时候了。她的第一板斧劈向了放威士忌酒瓶的架子。吧台后面的大镜子瞬间崩裂，碎片散落满地。手无寸铁的克利欧佩特拉成了玻璃杯和烟灰缸攻击的目标，对于这位意志坚定的五旬中年人来说，这幅画就是一种挑衅。她的利斧在沙龙里挥舞，调酒师和客人们纷纷躲在柜台后面藏起来，直到警察来到之后才将其制服。她被判入狱三周，然后重获自由，随着她的拥趸数量日益增长，她的攻击目标也越来越多。她的父亲是肯塔基的一位种植园主，一共育有 6 名子女。她的母亲患有精神病，相信自己会生下一位新的英国女王，因此无法照顾孩子们。她是在奴隶们的照顾下成长起来的。

卡丽·阿米莉娅的第一任丈夫是一位酗酒的医生，他们生下的女儿患有先天智力障碍。就在他们离婚几个月之后，孑然一身的丈夫就去世了。第二任丈夫是位报社编辑和传教士，因为她致力于帮助穷人而使婚姻出现危机。她的丈夫和自己的孩子在家里发现了越来越多需要帮助的人，而且这位大家闺秀不断因为破坏罪入刑。教会劝说这位生活艰辛的丈夫放弃自己的教职。妻子虽然脾气温和，但她的所作所为太耸人听闻了。最终他决定离婚，这样卡丽·阿米莉娅就可以自由地投入到与主要敌人酒精的战斗中去。她在 1911 年所做的演讲中说到"我做了自己可以做的一切"时陷入昏迷，几天之后就离开了人世。

卡丽·阿米莉娅·内申是 19 世纪 20 年代涌现的戒酒运动中耀眼的明星，这次运动的参与者达到 150 万人。他们致力于戒酒，反对赌博、烟草和卖淫嫖娼，也提倡进行社会改革，维护妇女权益。他们按照福音派的规定要求建立一个"清醒纯洁的世界"，手持小鼓身穿制服的救世军就脱胎于戒酒会精神。

酒精也成为新大陆上需要严肃看待的问题，妇女儿童忍饥挨饿，因为酗酒的父亲下班之后会带着一周的工资在酒吧里挥霍一空，如果他们抱怨，就会遭受家庭暴力。随着生产的机械化程度越来越高，酗酒的工人因为反应变慢导致工伤事故发生率直线上升。许多戒酒会成员都经历过这种苦难，他们的愤怒无法单纯用宗教热情来解释。

狂野的西部和威士忌

"酒精杀死的人比子弹多。
但是如果你问他们，
大多数人会选择威士忌，而不是子弹。"
——洛根·皮尔索尔·史密斯

威士忌是跟随着爱尔兰人和苏格兰人来到新大陆的，为了躲避贫穷、流行病和饥荒，面临沉重的赋税、英国王室的强制征收、英国圣公会的迫害，他们不得不登上开往美国的轮船。他们的行李箱除了携带必需品，还有关于威士忌蒸馏知识的资料。他们最先到达美国东海岸，这里也诞生了第一批美国威士忌。他们使用的是传统的原料大麦，后来使用黑麦制作的黑麦威士忌酒是第一批纯正的美国威士忌。

苏格兰和加拿大威士忌在美国落地生根，它们的口感更适合美国人。18世纪下半叶，美国开始开发西部。据说，苏格兰浸信会牧师埃利亚·克雷格是第一个把酒带到美国西部的人。许多人知道他发明了波旁酒，这是美国出现的第二种威士忌，不过根据考证他从来没有在波旁①生活过，而是在乔治城。美国的威士忌爱好者和生产商需要有一位领军人物带领他们与宗教对手进行斗争，而埃利亚·克雷格牧师似乎特别合适。不过上帝没能挽救他1795年因为私自酿酒而被判刑的命运。不管是谁发明了波旁酒，不可否认的一点是，它诞生在美国的南部和中西部，这里的玉米产量很高，而这正是波旁酒的主要原料。肯塔基州和田纳西州发展成了美国的威士忌生产中心，到现在也是这样，哪怕在波旁县也已经看不到酿酒厂的身影了。

美国第一任总统华盛顿在从政和入伍之前也是农场主，他也是第一个对威士忌征税的人。不过他的继任者亚伯拉罕·林肯与酒精的关系比较积极，自己长期饮酒。虽然他对威士忌赞誉有加，不过他估计要想顺利地对它征税却很难。新生国家的公民感觉到特别不公正，因为征税范围不仅是商业酒精生产，还包括自产自用的私人酒坊。1794年，由于积怨已深，宾夕法尼亚州出现了骚乱，50名农场主和劫匪合伙攻击约翰·内维尔，他是特别顽固的税务官，而且雄心勃勃。最后，内维尔在奴隶的帮助下才得以保全。

---

① 美国肯塔基州地名。

一队大约 100 人的士兵奉命保护税务官，虽然看起来人数很多，其实相去甚远。第二天的骚乱队伍壮大到 800 人，他们手里不仅拿着叉子和砍刀，还组建了乐队，请来风笛手。内维尔一看到这群野蛮人，就带着这 100 多号人逃之夭夭了。叛军烧毁了内维尔的院子，将威士忌酒窖洗劫一空。

　　定居者居住的地方当时还有印第安人生活，土地分配斗争如火如荼，任何贸易都非常危险。要想赚点外快，可以卖点容易运输的商品，例如皮毛或威士忌酒，男人可以把它藏在靴子里，正是从这个漂亮的习惯中引申出了走私犯的昵称"靴袜走私犯"。狂野西部的法官都是很有同情心的当地人，所以他们通常对这种走私行为判得比较轻。随便找个荒唐的借口就可以脱身，只要生意别做得太惹眼就行。其他法院甚至站在被告一边，所做的判决与首都的规定背道而驰。

　　最严厉最认真的税务官都是从贵格会教徒和分会的教徒中招募的，爱尔兰人和苏格兰人苦不堪言，一个税务官要比 50 个英格兰人更难对付。美国东海岸有很多这种基督教原教旨主义者在政府部门和军队担任要职，有些人希望美国的东部和西部打内战，而不是南方和北方。寻找自由的移民希望自己能当家做主，而大都会的精英们希望能借助宗教报复控制整个国家。西部有些地方，税务官在当地治安官眼皮子底下，有的跟治安官一起被绑到刑柱上任人嘲笑。有人烧了他们的假发，给他们剃成光头；而最丢脸的是跟阿帕契人学来的在他们身上抹上油插上羽毛；最疼的是在他们身上烙印，通常都是给牛和马准备的。

乔治·华盛顿不能总是坐视不管，那队 100 人的士兵失败之后，他带来了 12000 人，几乎是跟英国人决战时队伍规模的两倍。这次战争充分证明了宗教分裂组织的清教徒 – 极端主义精神，奠定了美国文明特色，随后解放了深受叛乱之害的西部各州。税务官收缴的税赋大部分都用在跟印第安人之间的战争上了。狂野西部的文明进步也提高了威士忌的品质。当时的税收是根据酒精度确定的，标准化的度数能让顾客放心，而且可以避免对贸易商进行检查可能出现的危险。迄今为止，要想检测威士忌的品质，可以加上点黑火药然后点燃，纯正的威士忌会冒出均匀的蓝色火焰，光色闪烁的火光证明品质不佳。

今天的一些品牌都可以追溯到这个时期。1795 年，德国移民雅各布·博姆申请了一张酿酒许可证并将其传给了家族后代，有了许可证就可以在全国出售他的"老桶"威士忌。詹姆斯·"吉姆"·比姆祖上六代都跟雅各布·博姆有亲缘关系，他在威士忌酒界享有盛誉，只是禁酒令迫使家族放弃酿酒。随着 1933 年禁酒令解除，面临新的开始，当时吉姆已经 70 岁高龄。他与商人哈利·布鲁姆合作，在去世之前不久，第一批威士忌酝酿成熟，就以他的名字命名。哈利·布鲁姆买下了家族生意，运用巧妙的营销技巧将品牌做大。威士忌王朝成员的六个头像从此以后印在法兰克福和肯塔基出产的酒瓶上。比姆家族仍然在做威士忌生意，弗雷德·诺和雅各布·博姆的后人引领着家族企业，帕克·比姆和他的儿子克雷格都是爱汶山的蒸馏大师。这家酒馆也可以追溯到西部大开发时期，创始人泰勒·塞缪尔与丹尼尔·布恩和杰西·詹姆斯有亲缘关系。哈珀金牌肯塔基威士忌酒是最初贴上标签出售的品牌之一，当时已经闻名遐迩，虽然美国西部仍然一片荒芜，它跟老桶威士忌一样背后也有一位德国移民艾萨克·沃尔夫·伯恩海姆。因为他认为一款美国威士忌取个犹太名字不太合适，所以就把他名字的首字母和马场主朋友的姓哈珀连在一起。伯恩海姆是扁酒瓶的发明者，后来成了慈善家。他留下了巨大的伯恩海姆森林，他还在世的时候伯恩海姆森林就成了美国第一批国家公园之一。

杰克·丹尼尔斯也经历过真正狂野的西部生活，传说他出生的时候家人正受到印第安人的攻击，箭如雨下。因为与继母相处得不好，他很小的时候就离开了家。他碰到一对农民夫妇，他们很早就开始酿造威士忌。14岁的时候他就从自己亲自选择的养父手里接过酿酒设备，因为养父认为喝酒的习惯不符合自己的牧师身份。杰克20岁的时候已经在林奇堡附近建起了属于自己的酒厂，很快成长为一名受人尊敬的商人，被大家称为"小绅士"。他身高不到1.6米，总是穿着黑色小礼服，戴着一顶帽檐很大的帽子，他还留着整个田纳西州最壮观的胡须。他没有孩子，所以就把出生在俄罗斯的侄子莱姆·莫特罗夫带到公司里，同时带来的还有使用木质活性炭过滤伏特加的技术。这个方法至今都是杰克·丹尼尔斯的品牌标志。田纳西州的另一个威士忌品牌乔治·迪克尔也是这样进行过滤的。杰克的离世不能不说充满了悲剧色彩——1911年死于一根脚趾，之前骨折之后一直没有治好，受伤是因为一脚踢到保险柜的门上。他的侄子在禁酒令期间让公司幸免于难。迄今为止，酒厂的游客都不允许在厂里品尝威士忌，田纳西州从 1907 年开始就实行了禁酒令。

禁酒

1926 年 7 月 4 日凌晨，联邦警察突击检查了"300 俱乐部"。中国灯笼将舞池中拥挤的人群映照成一片红。40 多个人正在跳舞，他们一看到警察制服的出现，就像受到惊吓的鸡群一样四散逃跑。俱乐部老板塔克萨丝·吉南正在演奏钢琴，她以充满悲剧色彩的姿势将自己的手腕伸给警察，命令乐团演奏《拿布果》里的囚犯合唱。这次突击检查打断了英国公开赛的高尔夫球手鲍比·琼斯的庆功派对，两名参议员朋友、一位古巴前总统，还有很多人都从紧急出口逃跑了。当时在场的还有威尔士王子爱德华三世，他被带到厨房，穿上围裙拿上擦碗布扮演成洗碗工躲过了检查。派对上所有人被装进三辆囚车带到了警局，导致监狱人满为患。同样被逮捕的还有小报记者，他详细地描述了塔克萨丝·吉南讲的笑话，把所有人包括警察都逗得哈哈大笑。最后她交了 1000 美元保释金，回家睡觉去了。

表面上看，1919 年 10 月 28 日的美国已经禁酒成功，但是在看不见的地方，尤其是大城市，有很多可以畅饮的地方。虽然伍德罗·威尔逊总统动用了否决权，戒酒会还是通过了禁酒法案，这样在美国拥有、消费和饮用酒精就要受到惩罚，这项决议也被戏称为"高尚的试验"。对有些联邦州来说并没有什么影响，50个州中有34个之前已经引入了该法案，而在其他州施行起来非常缓慢，例如纽约的议员们一致投票反对，所以纽约市一开始就没有特别认真地监管法律的执行情况。

城市的（夜）生活一如既往，酒吧和酒铺没有立刻关门，有的自己酿酒。随着库存日益减少，组织供货越来越难。酒吧一个一个倒闭，被所谓的"轻声说话"[1]所取代。这些地下酒吧和月光酒馆都是非法的，大部分都被帮派控制，从此美国的有组织犯罪率迅速上升。这里所介绍的三个人都以自己的方式代表了所处时代的精神。

唱歌市长

我们先来介绍一下1926—1932年的纽约市长詹姆斯·沃克。他出身于格林尼治村的一个政治世家，被认为是第一代人民代表，让大家了解到公共形象要比精确的公务管理还重要。他赢得选举的时候只有45岁，还很年轻。他仪表堂堂，而且反应敏捷，很有魅力，穿着也很时尚，给这座著名大都会的城市管理带来一股新鲜的空气。他的表演天赋在百老汇得到验证，1918年他自己谱写的《你会在12月爱我吗，就像在5月一样？》红遍美国大地。他的共和党竞争对手主打宗教牌，而他在竞选的时候直言，如果有人错过了周日的祷告，

---

[1] 地下酒吧。

也不应该受到谴责，而在起床的同一天上床睡觉才是真正的耻辱。"听着，如果我们没法把冰破开，那就试试淹死它。"

纽约是一个繁荣的城市，哈莱姆区是爵士乐的天下，"大苹果城"的居民被称作来自《圣经》地带[①]的乡巴佬。禁酒令被放到了一边，而且也没出现什么问题，沃克的竞选诺言触动了这座城市的神经，他答应尽可能少干涉公民的生活。在以压倒性的优势获得选举胜利之后，他和自己的团队占据了城市管理的核心部门，很快城市里的几乎所有官员都被他收买了。沃克几乎不会在 12 点之前到办公室，而且还没等晚饭的开胃酒上来就离开了。然后他就融入了纽约人的夜生活，媒体给他取的昵称层出不穷，有人叫他"夜市长或者爵士市长"，还有的称它为"风流市长"。他的绯闻女主角如走马灯般不停地换来换去，而他的支持率并没有降低，反而水涨船高。城市运转很流畅，人们欢呼雀跃，在"咆哮的 20 世纪 20 年代"[②]里打破常规，自我解放，而沃克也是其中之一。他构造了城市交通体系，兴建了很多公园。

在他主政期间取消了周日不能上演电影和举行体育赛事的禁令，将拳击运动合法化。在权力达到最高峰时，沃克可以在他 21 俱乐部的雅座上指挥警察的突击检查，让纽约警察拖走车辆。随着 1929 年华尔街崩盘，夜市长的星辉也逐渐暗淡。

---

① 美国南部保守的基督教福音派在社会文化中占主导地位的地区。

② 指美国和加拿大 20 世纪 20 年代这一时期，其间所发生的激动人心的事件数不胜数，有人称之为"历史上最为多彩的年代"。

1932 年，他接受调查委员会的审查，最后因为额外收入不明引咎辞职。当时最有前途的民主党总统竞选人富兰克林·罗斯福也对其施加压力，他虽然将取消禁酒令作为政党的核心竞选口号，却不想让自己因为党内有这样性情乖张的同事而错过当选总统的机会。沃克后来去了欧洲，又结了一次婚，这次的妻子是合唱团女孩贝蒂·康普顿，直到对他的指控成立，才回到美国。他是大华唱片公司的创始人之一，公司签约的明星包括路易斯·普瑞玛和汤米·多西。1961 年鲍勃·霍普将他的生平搬上银幕，电影名字叫《风流市长》。

夜场女王

> "欢庆您的光临，
> 请将钱包交给吧台。"
>
> ——塔克萨丝·吉南

纽约疯狂 20 年代里另一位大名鼎鼎的人物就是演员、舞蹈家和夜总会老板塔克萨丝·吉南。1881 年吉南出生在德克萨斯州韦科，20 世纪之初来到好莱坞，在几部电影中扮演女牛仔，第一次离婚之后，1919 年从纽约的百老汇重新开始自己的演艺事业。那里没有人会告诉她很快就可以凭借自己的幽默和敏捷反应声名远扬，一开始她还只是数百位才华横溢的舞台艺术家中普通的一员。后来她在著名的好莱坞艺术咖啡馆主持了一次节日派对，她让整个会场欢歌笑语，变成疯狂的庆典。之后咖啡馆老板就聘请她做主持人，正是凭借这一角色在短短几年时间内一举融入纽约上层社会，闻名国内。百老汇的明星们对她的表演魅力佩服得五体投地，1920年，她结识了冉冉升起的黑帮新星拉里·费耶。吉南的表演给他留下了深刻的印象，所以他决定让吉南成为自己埃尔·费耶俱乐部的合伙人。可以把拉里·费耶想象成从哈勒姆走出来的真正的骗子，身着定制西装，搭配粉色衬衣和华丽的领带，衬衣纽扣上装饰着跟纳粹标志一样的万字，这是他的幸运符，在他的酒馆里也有类似装饰。不过我们要知道，1920年的美国人根本不认识什么希特勒。

吉南非常喜欢埃尔·费耶俱乐部琳琅满目的酒库和不菲的价格。她组建了一个40人的合唱团，女孩们的任务除了表演之外就是让客人多喝酒，然后在付款的时候转移他们的注意力。凭借这一点，埃尔·费耶俱乐部很快成为纽约人喜欢的聚会场所，汇集了半个纽约城实力雄厚的高层人士。将近一年以后，俱乐部被政府关闭了，不过仅仅过了几天，吉南和费耶就不动声色地又开了一家名为"亲密"的俱乐部。塔克萨丝·吉南吸引了更多的客人，尽管它还是个地下酒吧，警察的检查接踵而至，这家俱乐部也被关闭了。她在警局里的标准借口是只提供可乐和苏打水，酒是客人自己带来的。警察的定期检查对生意的影响不大，两个人在一年的时间里挣了70万美元。虽然吉南决定不再跟费耶合作，因为费耶试图给她施加压力，想控制她，不过塔克萨丝不为所动，因为她后来找到了更有权势的朋友。

她开了这家"300俱乐部",这是那个时代最迷人的地下酒吧。每一个在纽约有身份有地位的人都想光顾,鲁道夫·瓦伦蒂诺、马埃·韦斯特、多萝西·帕克、市长詹姆斯·沃克、巴贝·鲁思,还有许多人都是常客。塔克萨丝坐在舞台上方的一张桌子上,从这里可以俯瞰整个酒吧。每有贵客临门,她就会用警用口哨引起大家的注意,她会用自己独特的问候语"你好,傻瓜"亲自接待。她身着银鼬皮大衣,像一位真正的女王一样珠光宝气,而且每天晚上都要换好几次衣服,尤其是她奢侈的帽子。合唱团的姑娘们每次上台演出的时候,她都会大声高喊"给我的小姑娘们来点掌声",后来这句话成为美国人喜欢的俗语。她的观众里面当然也有各大报纸的社会记者,而且她还在《纽约邮报》上开了一个专栏。不管是塔克萨丝还是她的客人,都不用担心有谁会真的生气。1927年,有一位联邦官员投诉说有3/4的纽约司法机构,不管是警察局还是法院,都跟走私犯、帮派成员和俱乐部老板沆瀣一气,导致海岸警卫队都给非法酒精运输和犯罪组织提供保护。纽约警局的犯罪证据经常会消失得无影无踪,如果有人提出指控,被告经常可以无罪获释或者从轻处理。

吉南的好运气持续了一段时间,还另外开了两家俱乐部——"钻石"和"阿贡诺"。她的人生一直处于上升阶段,直到1929年的股市崩溃,她也一落千丈。她想继续到法国赚钱,不过在入境的时候恼羞成怒,又返回美国,后来跟合唱团的女孩们巡游美国,也获得了成功。1945年死于腹膜炎,上万名她以前的客人陪她走完最后一程。

带铅笔的人

禁酒故事的最后一位主角叫阿尔·卡彭，典型的黑帮形象，他保证了美国在禁酒的 13 年里有充足的高度酒供应。他虽然出生在纽约，却成名于芝加哥，因被称为"黑帮之王"而载入史册。他在十几岁的时候就混迹于臭名昭著的布鲁克林五点帮。他杀完第二个人之后跑路了，后来在 1919 年来到芝加哥。这座城市早在禁酒令颁布之前就已经是美国犯罪率最高的城市了，以脆弱的司法系统著称。最终，"风城"在 20 世纪 20 年代出现了接近法律真空的地带。

阿尔·卡彭在这里很快就成长为黑帮老板翰尼·托里奥的宠儿，成为帮派赌博业务的二号人物，而发财的真正好机会还是通过禁酒令获得的。托里奥很快就意识到这种影子经济的潜力，直接组织从加拿大进口酒，同时也确保自己对市里的很多酿酒厂都保持足够的影响力，他创造了太多的工作岗位。官方只允许他们酿造酒精含量为 0.5% 的啤酒，托里奥和卡彭收买了工会代表。他们把酒桶交给帮派成员，后者负责在里面填入中性酒精或者按照需要调节酒精度。当然除此之外，只要市场需要，他们也生产各种类型的啤酒。因为生意非常兴隆，所以帮派之间为了争夺利益经常会发生火拼，因此造成了 1000 多人死亡。

其间发生的最著名的事件之一就是卡彭在 1925 年组织的情人节大屠杀。光天化日之下，他命令四个人开着囚车来到一家位于芝加哥市中心的非法酒馆，其中有两个人身穿平民服饰，另外两个身穿制服。酒馆的8名守卫大吃一惊，因为来检查的警察一般都是跟自己有合作关系的警官派来的，会提前告诉他们。他们被要求举起手来，面朝墙壁，两挺机枪里喷射出的150发子弹将他们送上黄泉路。身穿制服的匪徒在众目睽睽之下给这两个人戴上手铐，押上囚车，然后消失在空气中。不久之后，真正的警察赶到现场之后，询问其中一位奄奄一息的受害者到底是谁干的，听到的回答却是："就是你们！"20世纪20年代的芝加哥，不管是媒体还是司法机构，都不能保证自己能分得清黑白。地下世界的犯罪无论是血腥的还是精心组织的，都统统归到卡彭身上，他成为芝加哥黑帮的魁首。官方名义上认可他是一位古董商人，收入很有限，而为他的关系网络私底下给他创造了1亿美元的年收入，让他成为美国最富有的人之一。他买下很多家酒店，置办了很多产业，收购了美国最大的熨烫和清洁连锁店的股票。而他的投资其实就是为了洗钱。只要手下对他足够忠诚，就会获得慷慨的馈赠。他在公开场合露面时的气派就像电影明星一样。1929年的股市崩盘导致美国经济陷入大萧条，他开始舍粥给穷人，而且让他所保护的那些商人提供食物和衣服。

1927年，芝加哥禁酒办公室迎来了新掌门人——艾略特·内斯。他将腐败透顶的部门员工从150人缩减到核心的11人，他们不可能被收买。他跟这11个人一起开始了与阿尔·卡彭之间的战争。他们经过精密的布置干扰卡彭的生意，并正式宣告卡彭是"全民第一公敌"。卡彭被迫逃往佛罗里达州，不过依然被追逃，最终因为偷税漏税受到指控。联邦调查局的调查人员成功地从阿尔·卡彭赌博收益中找到突破口，虽然涉案金额只有区区 215180.17 美元，不过相关法律之前已经被收紧，这样才能把疤面煞星送进监狱。1932 年，他获刑 11年，被送往当时美国最现代化的亚特兰大监狱。有几位记者想去采访他，发现他的号房竟然空无一人，因为卡彭故技重施，收买了狱卒，可以自由活动去照看自己的生意。这一事件引起巨大反响，他立刻被押往臭名昭著的恶魔岛，他在这里才得以安安生生地服完刑。出狱之后他在自己位于佛罗里达州的一栋拥有 40 个房间的豪宅里安度晚年，并于 1947 年死于梅毒感染后遗症，一代枭雄如此谢幕。

　　1933 年 12 月 5 日，历时 12 年零 10 个月 19 天 17 小时的禁酒令被废除，几乎与阿尔·卡彭被捕同时发生。大多数美国人认为禁酒令引发的问题比解决的问题多，也就是弊大于利。政府损失了大量的酒税，这段时间美国人为非法酒水制造支付了 360 亿美元，形成了影子经济。有组织犯罪保证了地下酒吧和家庭私人用酒供应，攫取了巨大的利益，而且私底下引发了一场转折，只有少数人意识到这个问题：根据卫生部调查显示，施行禁酒令的近 13 年里，妇女的酒精消费增长了 37%。

　　之前人们饮酒主要是在公共场合，这样女士如果饮酒的话只能喝很少一点。只有开始私藏之后，她们才可以自由接触酒，餐柜、家庭酒吧或者橱柜都是她们触手可及的地方。酒从此成了美国家庭主妇的忠实伴侣，即使合法之后她们也没有放弃饮酒。所以可以说禁酒令促进了妇女解放，而这正是卡丽·阿米莉娅·内申和戒酒会的奋斗目标。

> "为了治疗蛇咬，
> 总是随身携带扁酒瓶。
> 当然必须是一条小蛇。"
>
> ——W.C. 菲尔兹

曼哈顿鸡尾酒——"优雅饮酒"之父

禁酒令改变了美国人的饮酒习惯。每一杯酒都有可能是最后一杯，随时都可能有警察来检查，或者缺乏供给，所以只要有喝的，不管是什么，都要赶快喝掉，酒的品质无关紧要。鸡尾酒巧妙地将特定的材料混合起来，禁酒令对它的发展影响巨大，恢复过程非常缓慢。

现代人都把鸡尾酒看作混合饮料的统称，而在19世纪30年代它只是混合饮料的一种，与宾治、费斯酒、菲力普、棕榈酒、血干红等一样。鸡尾酒的第一个定义出现在1806年5月13日纽约的一份名为《平衡与哥伦比亚仓库》的出版物上，里面写道："鸡尾酒是一种刺激性饮料，很多东西都可用来调制鸡尾酒，如糖、水和比特酒等。"鸡尾酒最原始的版本后来在19世纪末的小册子里被改成了"老式鸡尾酒"，简称"老式"，加入了柠檬皮和橙子皮，这种混合物慢慢开始复兴。从1860年开始，为了完善基酒的口味，不再加入糖和比特酒，而是加入利口酒，如苦橙味利口酒、黑樱桃酒，或者糖浆，如杏仁或菠萝糖浆。这些混合物被称为"改进版鸡尾酒"，包括加糖的白兰地卡斯特、日本鸡尾酒、东印度鸡尾酒，还有最著名的萨泽拉克加苦艾酒，都是由老式鸡尾酒的配方演变而来。

鸡尾酒混合的花样越来越多，19世纪下半叶开始加入刚刚传到美国的新成分，给鸡尾酒带来了革命性的变化，它就是"苦艾酒"。原始的鸡尾酒不仅用意大利红苦艾来增加甜味，还因为苦艾酒的酒精含量较低，给鸡尾酒带来了备受欢迎的多重维度。鸡尾酒在酒吧里越来越受欢迎，而且对女性来说更有吸引力。随着苦艾酒在美国的推广，出现了最优雅的鸡尾酒之一，也就是著名的"曼哈顿鸡尾酒"。

现存最早的曼哈顿鸡尾酒的配方来自哈利·约翰逊1882年出版的《调酒师手册》，由威士忌和苦艾酒加入少量苦橙味利口酒混合而成。世纪之交的曼哈顿鸡尾酒变得更干，因为威士忌的比例提高了，此时的配方与现在的曼哈顿鸡尾酒已经很相似了，其实主要是找到优质威士忌和高品质红苦艾酒之间的平衡。小心地加入一滴安哥斯特拉红糖水可以增加饮料的深度。最初还会加入黑麦威士忌酒，而使用加拿大威士忌主要是因为禁酒令导致物资匮乏，原来使用的高品质美国威士忌消失了，一直到1933年才又出现。对禁酒令颁布之前鸡尾酒文化的重新发现开始于21世纪初，给我们带来了一些有趣的曼哈顿鸡尾酒版本。为了向经典致敬，就按照纽约的布鲁克林区来命名：格林波因特、布鲁克林植物园、红钩区。

行家现在又开始配合黑麦威士忌一起喝曼哈顿鸡尾酒了。

苏格兰和爱尔兰威士忌

威士忌是爱尔兰人发明的，而禁酒令给爱尔兰带来了致命的后果。对于很多威士忌爱好者来说，一杯苏格兰单一麦芽威士忌就是创造力的王冠。关于这种饮料的发明故事有很多版本，也引起在爱尔兰的苏格兰人极大的愤怒。从绿岛开始实行了苏格兰的基督化，而掌握通过加热和冷凝来获取酒精方法的却是爱尔兰僧侣，这是从意大利传到北方来的，只不过"生命之水"的起源由于缺乏文字记录只能隐藏在历史的黑暗里。

不过不管怎样，传说中的爱尔兰国圣"圣帕特里克"曾经赠予同胞威士忌。他生活的公元5世纪，虽然已经有了蒸馏术，不过还没有用于酒精生产。还有一点无法证实的是从什么时候开始，威士忌的生产第一次不再用于医疗目的，也就是离开修道院，走入寻常农户家里。一份至今都让爱尔兰人引以为傲的文件记录显示，全世界最古老的持牌酿酒厂就在爱尔兰的土地上。布什米尔公司的总部就是在这家酒厂的基础上建立起来的，其历史可以追溯到13世纪。

爱尔兰政府被迫分别于1556年和1620年重视威士忌所引发的健康危害，生命之水变成了死亡之水。1661年圣诞节颁布了一项法令，开始对威士忌征税。这让勇敢的爱尔兰人一夜之间都变成了私酒酿造者，之后他们只知道两种威士忌：

"议会威士忌"和"玻汀"。这些都是私酿劣质威士忌，使用的原材料都是一样的。税务官和私酒酿造者开始了长达150年的战争，他们坚持维护自己非营利性酿酒或买这种酒的权利。税务官在偏远地区经常遇到喝得烂醉如泥的对手，让他们的工作变得容易得多，不过在城市的黑市上一切看起来就都不一样了。在这里威士忌的爱好者在数量上占据优势，他们喝完酒之后天不怕地不怕，如脱缰的野马，敢于拿起棒子对抗刺刀。

> "如果连威士忌都治不好，
> 那就不可能治得好。"
>
> ——爱尔兰谚语

1760年，一位英国医学教授在一篇报告中非常吃惊地发现了生命之水的特点：它是每个乡村医生的福星，它的医疗效果非常多样化，既可以用来干燥潮湿的双手，也可以帮助消化；既有助于治疗抑郁症，也能帮助改善记忆力，延缓衰老。歌手杰瑞·威尔曾经唱过："威士忌是迄今为止最著名的药物，就是治不好流感。"

萌芽决定意识

19世纪20年代，不管是爱尔兰还是苏格兰威士忌，都拥有了合法的基础，尤其是爱尔兰的威士忌生产确定了质量标准。爱尔兰人和苏格兰人都用大麦作为基本的麦芽材料，在这个过程中将粮食浸入水中。控制好让种子在 8—10 天的时间内发芽，每一颗大麦种子都会产生酶，这样可以首先在糊精，然后在水溶性麦芽糖里面引起淀粉壳的转化。为了保证麦芽在生长过程中不消耗剩余的淀粉和麦芽糖，必须使用干燥技术，也称为"达伦"和"基林"，让整个过程停下来。这种方法需要分成三步，传统方式是在火焰上加热穿孔金属板，这样除了之前产生的酶，还可以产生其他芳香物。干燥程序的最后一步能体现出苏格兰威士忌与爱尔兰威士忌以及其他威士忌的区别。在苏格兰，干燥温度低于 60 摄氏度，相对较低，这样会保留酚类物质，保留这种威士忌特有的油烟味，这个过程的负责人被称为"麦芽人"。下一步是制作麦芽浆，需要将芽和根去掉，将剩余的麦芽粉碎，重新加水混合，重新激活在干燥过程中被消除活性的酶，这样剩余的糊精就会转化成麦芽糖，通过搅拌溶解于水。这种水和麦芽的混合物被称为"麦芽浆"。在麦芽浆快完成的时候停止搅拌，谷壳或谷皮都会降到底部，形成一个天然过滤器，剩余的甜味香料"麦汁"会流过去。整个过程重复两次，然后将两种液态麦汁放进大型发酵桶，这是一种用俄勒冈松树或柏树做成的大容器，最后加入酵母进行发酵。在这个过程中酵母菌会把香料里的糖分分解成酒精和一氧化碳。这样做出来的蒸馏物被称为"蒸馏器啤酒"，酒精含量为 8%—9%，最后流入铜制蒸馏器。

爱尔兰威士忌和苏格兰麦芽威士忌一样，都是在专门的壶式蒸馏器里酿造的，只不过比苏格兰的大了很多。蒸馏次数始终都是三次，这样做出来的威士忌特别纯净和轻盈。而两种威士忌最大的区别在于，爱尔兰的麦芽浆大部分是由未经粉碎的大麦组成的，只加入了很小一部分大麦芽。

苏格兰威士忌、波旁酒、黑麦威士忌、爱尔兰和加拿大威士忌

"没有不好的威士忌。
只有相对较差的威士忌。"

——雷蒙·钱德勒

我们先来介绍一下欧洲和美国威士忌种类的不同。波旁的名字来自肯塔基州的波旁县，而这个县又是以法国波旁王朝的贵族命名的，由此可以发现当时美国的殖民者里面也有法国人的身影。酿酒使用的粮食至少有一半是玉米，而且玉米的含量越高，酿出来的威士忌就越甜。波旁酒都是按照酸麦芽威士忌的制作方法酿造的，这就意味着蒸馏器里前一批酒的残余总会留到下一批，这些所谓的陈谷浆保留和继承了威士忌的特色，而且酒的酸性可以杀死不必要的酵母菌，保证发酵过程不会失控。做完麦芽浆之后经过两次蒸馏，第二次蒸馏出来之后称之为"白狗"，酒精含量一般会达到60%—65%。新鲜清澈的酒被储存到内侧轻微烧焦的橡木桶里，这样酒就带有了典型的香草和焦糖味。这些酒桶只能用一次，然后一般都会运到爱尔兰或苏格兰。新酒桶的效果比旧的好，波旁酒的存储时间至少2年，最多4—6年，与爱尔兰或苏格

兰威士忌相比要短。

黑麦威士忌酒的制作工艺很相似，只不过原材料使用的是黑麦。最后一种比较重要的威士忌是加拿大威士忌。它早就不跟自己的兄弟酒一样浓烈和全面了。很多人觉得加拿大威士忌和黑麦威士忌是一回事，其实这种想法是错误的。虽然所有的加拿大大品牌威士忌都是用黑麦做的，还是要经过混合，不像纯正的美国黑麦威士忌香味那么浓烈。

世界上没有任何一个地方的酿酒师能像在加拿大一样自由。他们可以加入磨碎或没有磨碎的谷物，黑麦跟大麦、玉米和小麦一样都可以用作单一作物或者采取不同的组合形式。蒸馏酒生产商会酿造黑麦威士忌和纯波旁威士忌作为基本威士忌。蒸馏的时候也允许使用不同的方法，储存的时候也是，可以使用新的或旧的波旁、雪利和白兰地酒桶。酒的储存时间至少 3 年，好一点的酒需要存放 5 年，超过 10 年的也很常见，不过所有酒的共同点是混入口味偏中性的粮食白酒，加入相对较少比例的纯正基本威士忌，即使最优质品牌的酒也不会超过 10 度。调味的时候可以用雪利酒或梅酒，甚至可以用不是加拿大酿造的威士忌。

再回来说说爱尔兰威士忌，柔和中稍微有点油性，经常被拿来跟白兰地相比较。19 世纪时，爱尔兰威士忌一开始要比刚烈的苏格兰酒更受欢迎。约翰·鲍尔斯、约翰·詹姆斯昂（苏格兰人）和威廉·詹姆森是爱尔兰三家最大的酿酒厂老板，也是 1879 年出版的《威士忌的真相》的作者，在书中提醒要注意防范劣质和掺水威士忌。这也是爱尔兰质量和经济衰退的第一个信号，这一过程持续了 100 年。导致这一衰退的原因有很多，其中一个就是在爱尔兰也形成了戒酒会。神父马修对威士忌的名誉提出了质疑，因为他在自己历时 6 年的反酒精运动中详细描述了这款"恶魔饮料"的后果，导致酒吧数量从最初的 21000 家减少了一半。他去世的时候刚刚 37 岁，所以没有造成更多的影响。

第二个原因是一位来自都柏林的税务官埃尼亚斯·科夫雷发明了连续蒸馏法，可以大量生产纯酒精，也包括粮食威士忌和调和型威士忌，它们要比纯壶式蒸馏威士忌便宜得多。著名的"威士忌正名案"确定每一种粮食蒸馏酒都可以称为"威士忌"，这一判决不仅对苏格兰的麦芽酿酒厂来说是一场可怕的失败，对爱尔兰也是一样。最终导致调和型威士忌取得了突破，迫使爱尔兰人在蒸馏威士忌里加入廉价的粮食，说不好听点就是掺兑。

爱尔兰 1916 年爆发了"复活节起义"，1920 年争取到了《爱尔兰政府法案》，对爱尔兰影响深远，至今都没有完全恢复过来。反抗英国人的独立战争取得局部胜利，英国人对爱尔兰采取英联邦贸易制裁，一直持续到 20 世纪 70 年代爱尔兰加入欧盟为止。另外，美国实行的禁酒令让爱尔兰失去了最重要的销售市场，最初的 2000 家酿酒厂如今只剩下十几个，它们为了生存组成了联盟。

"上帝啊，我太爱苏格兰威士忌了，
有时候我觉得自己的名字

应该是伊戈尔·斯特拉威士忌。"

——伊戈尔·斯特拉文斯基

苏格兰威士忌首先是原产地标识，对口味影响比较大的是麦芽，是用大麦麦芽在壶式蒸馏器中蒸馏出来的，所以酒里含有浓厚的麦芽和烟熏香气。麦芽威士忌里除了水和酵母之外不添加任何物质，通常会在橡木桶里存放 8—10 年，之后兑水装瓶，调节到适合饮用的酒精浓度进行销售。

单一麦芽威士忌来自一个酿酒厂，而混合麦芽是将不同的单一麦芽调和到一起。麦芽的生产非常麻烦，也很昂贵。苏格兰威士忌说的也是一种简单的粮食威士忌，其实本来就是粮食，也就是简单的粮食酒，不需要特殊的存储时间和方法，也就没有特别的口味特征。除了一些例外情况，现在的麦芽都是工业化生产的产品，用于调和。大多数人所理解的苏格兰威士忌也就是闻名世界的调和型威士忌，将粮食威士忌和单一麦芽威士忌调和到一起。一般来说这些调和型威士忌包含了 15—50 种不同的威士忌，如果按种类算一般是以麦芽为主，按数量算是廉价的粮食占大多数。因为都是无色的，所以法律允许添加一些焦糖。由于调和型威士忌的特点和口味都是由麦芽决定的，所以其他粮食都不应该太冲，必须融合进来。苏格兰威士忌的成功正是基于这种适度的影响，让酒变得更轻盈，也降低了生产的成本，而且比较理想的条件是将自己定位成大众产品。现在的苏格兰威士忌 90% 都是调和型威士忌。

从 14 世纪开始，直到前面提到的连续蒸馏装置的发明，苏格兰威士忌的影响力很有限，苏格兰低地南部几乎都没有喝的。从 1644 年政府第一次征收酒税开始，大部分非法酿造的玻汀对很多苏格兰人来说就变成了对抗英国王室的符号，而且著名的苏格兰人肖恩·康纳利到现在都这么想。当时已经是潮流引领者的伦敦人认为这种烟熏味很重的饮料只配给不文明的矿工喝，城里人喝的是白兰地和科涅克，从 1850 年起越来越多的人喝精炼杜松子酒。19 世纪末，法国的葡萄酒产区科涅克和地中海地区的葡萄种植园里葡萄根瘤蚜肆虐，供应就中断了，这一事件影响巨大。因为没的可选，所以人们开始饮用本地粮食酒。

　　英国商人亚历山大·沃克、詹姆斯·布坎南、约翰·海格和约翰·杜瓦研发的饮料现在被称为品牌威士忌，他们用调和法做出了识别度很高的品质威士忌，而且他们率先将威士忌装到瓶里贴上标签，第一次展开广告宣传活动。这让四个人积累了大量财富，以威士忌男爵的身份跻身上层，成为伦敦音乐会和艺术活动的常客，这样同时也为自己的产品形象加分。著名的蒸馏有限公司是原来的饮料康采恩，是所有的著名苏格兰威士忌酿酒厂组成的联盟，而且赢得了前面提到的"威士忌正名案"，为取得更大的成功找到了方向。另外值得一提的是，整个案件的导火索就是坎伯斯粮食威士忌在广告中承诺"喝 1 加仑都不会头痛"。

　　麦芽生产商都位于苏格兰的偏远地区，他们都受到冲击，要么马上就要破产，要么已经准备被收购。在世界市场上，

20世纪初还是爱尔兰人占据主导地位，但是反抗英国人的独立斗争削弱了爱尔兰，让苏格兰人趁机占领了威士忌市场。英国政府默许了苏格兰人的走私活动，很多人也说英国政府暗地里支持走私。他们不仅解决了当前的急需，也为以后的发展打下了基础。

> "逻辑学和威士忌一样，都丧失了自己的优秀品质，
> 摄入量太大。"
>
> ——邓萨尼勋爵

柏忌和混合麦芽

苏格兰威士忌最著名的拥趸之一是汉弗莱·博加特，他每天都喝，而且不止一杯，而是好几杯。他喜欢苏格兰威士忌、马提尼和杜林标酒。如果有人去他经常光顾的罗曼诺夫酒店找博加特先生，调酒师就会先检查一下杜林标酒喝到哪儿了，然后才告诉你柏忌还没转回来呢。

他从23岁开始做演员，最初在剧院工作，后来又拍电影，11年之后成为著名的舞台剧演员，6年之后扬名好莱坞。在此之前他既在百老汇演出，也在省城扮演小角色，参加了几部不太著名的电影的拍摄。他什么剧都接，因为他想做演员，这就是他的专业观念。没有女人、失败，甚至酒，可以让他放弃。

他和第三任妻子梅奥·梅特在酒店里分手，他们就像"战斗的博加特"一样互掷酒杯、酒瓶和冰块。有段时间他们深

知不允许一起进入 21 酒吧，只能单独进去。一般都是梅奥先动手，有一次她用刀子刺伤了他的后背，她的酒瘾跟她的嫉妒心一样出名。所有的愤怒最终都无济于事，她的丈夫离开她娶了比她年轻 25 岁的劳伦·白考尔。白考尔也不属于容易悲伤的类型，她非常与众不同而且精力充沛，对自己的丈夫和自己参与的每一个项目都足够忠诚。"宝贝是个真正的女汉子"，他在向朋友介绍白考尔的时候这样说。白考尔让他的生活变得安静，控制他的饮酒，虽然喝的还是挺多，但基本比较稳定。

在和凯瑟琳·赫本拍摄《非洲女王》的时候，在当时比利时的殖民地刚果，他的整个团队几乎都传染上热带感染，只有约翰·休斯敦、博加特和白考尔得以幸免，因为他们严格遵守自己的饮食习惯，只吃烘焙豆和芦笋罐头，并且喝了很多苏格兰威士忌。博加特说每一只咬中他的蚊子都掉到地上死掉了。

"告诉它就是这样。"他的直爽可能很残酷，但很少说错。

这对夫妻的最后一栋房子位于比弗利山和贝莱尔之间的梅普尔顿车道旁，虽然房子很大，但布置得比较简约，只有藏书室配有酒吧、舒适的家居和一个投影仪，这样在电影放映的时候就可以从开放式的客用卫生间将他的电影投放到屏幕上。弗兰克·西纳特拉、约翰·休斯敦、朱迪·加兰、拉娜·特纳、哈里·里利斯·克劳斯贝和其他几位明星经常出没于此。

博加特不喜欢好莱坞的声色犬马。他是充满激情的水手，每周六早上 10 点他会驱车一个小时到纽波特港，登上自己的游艇，呷一口苏格兰威士忌，然后扬帆出海。他喝完一口酒之后就把酒杯放到罗盘旁边的杯架上，让自己自由放松地休息。桑塔纳是加利福尼亚海岸线上经过改装之后安装了最多杯架的游艇。

他和自己的两个孩子拥有真正的家庭生活，这在好莱坞明星里屈指可数。

他在自己26年的演艺生涯里出演了82部电影，赢得了极高的职业声望，因为总是准时出现在片场，对自己的剧本烂熟于心。他虽然喝酒，不过随着年纪渐长，他在拍摄前一天会准时10点上床。他从来不撒谎，也没有人见过他喝醉过。

他的一生坦坦荡荡，敢想敢说敢做。

58岁那年他死于食道癌。简单的葬礼过后，劳伦·白考尔浑身颤抖着邀请最亲密的朋友到藏书室里饮酒消愁。

第四期
朗姆酒

Viertes Semester:
Der Rum

"15个男人来到棺材前，

　酒瓶里装满朗姆酒，霍，霍。

15个男人将魔鬼写在棺材上，

　魔鬼杀死了一切……"

"水手们最喜欢的酒是朗姆酒，

　尤其是牙买加朗姆酒。"

————理查德·杰尔

朗姆酒与航海

1970年8月31日，皇家海军舰队正从波兰出发驶向热带，甲板下面突然咕噜咕噜作响。这一天是英国航海史上黑暗的一天。此刻日头高挂，几千名水手胳膊上带着黑纱，最后一次在甲板上排成队交出了自己每天配给的一小杯朗姆酒。他们又一次给自己的铝壶装满了一比二稀释过的朗姆酒，然后向这个传统告别。皇家海军舰队的船员们对这项延续了316年的传统感到非常喜悦和满足。在战船接近国际日期变更线的时候，一队士兵摘下帽子，湿着眼眶将他们的"格罗格桶"沉到海里，从此诞生了一个新的纪念日"黑色杯日"。朴次茅斯港邮局有一个特殊的邮戳可以让人回想起当年的时光，不管是不是海军的水兵。

"这是一个地狱一样的变化"，当时的指挥官大卫·阿索普在回忆时说。1970年左右，这一小杯酒有大约7毫升，配给军士的是纯酒，士兵的酒需要加水稀释。阿索普说："这样做很合理，也很绅士。"大家聚在一起享受这一小杯酒带来的乐趣，这样也省了中午到酒吧里喝个开胃酒。

现在船员们必须无情地保持清醒，操作日益复杂的武器和导航系统。

只有船员不允许喝高度酒，而军官们还是可以到设施齐全的酒吧里喝酒。

"军官们还是会喝醉，而普通水手每天只能喝三罐啤酒。想出这个办法的笨蛋一定知道，喝醉酒的军官很明显不会去操作这么复杂的设备和武器。"退伍老兵阿索普说起来义愤填膺。

很多老兵一身戎装来举行告别仪式，作为无声的抗议。

不管是不是每天只有象征性的7毫升朗姆酒配给，事实上70年代喝这么一小杯酒根本没有任何影响。1731年英国国王第一次送给大家免费的饮料，每天1品脱，换算一下是0.568升，让那些穷困潦倒的水兵们觉得可以接受。

船上的生活非常艰难，工作起来更辛苦。水手们在狭小的空间里劳作，吃得极差，喝的水也很脏，所以很容易生病，

上帝的礼物：关于酒的故事

感染瘟疫，另外还有严格的军事记录。在炎炎烈日下横穿未知海域的漫漫旅途就像是在鬼门关前徘徊，更不用说还有狂风暴雨。

不过在特殊情况下需要有特别的人。彼得·范德莫维是格林尼治国家海事博物馆的总编辑，他描述了18世纪水兵的生活："他们的生活条件现在看起来是无法忍受的，他们就像另一个种族的人，行事方式不同，说话不一样，穿的也跟常人不同。他们就像牛一样，可以忍受严厉的惩罚，甚至有时候愿意受罚。他们知道自己喝醉的时候会被鞭打，但还是忍不住要喝。如何评判当时的酒精配给需要谨慎一些，如果船掌控在一群醉汉手里肯定会沉下去。而一小杯酒是他们觉得生活还可以忍受的理由。"

朗姆酒配给最早出现在海军上将佩恩的船上。1655年，他征服了牙买加，在返航的时候决定将每天的配给从1加仑啤酒换成1品脱朗姆酒。配给制一开始确实降低了死亡率和发病率。饮食状况也得到改善，把水果放到朗姆酒里可以保存数月，主要是饮用水的质量也因为这种高度灭菌剂得到改善。把朗姆酒存放到木桶里能保持口味，但用来储存水就不是一个好的选择了，因为桶里倒出来的更像是墨水，水里生长的水藻有一指长。"打开桶的时候气味非常难闻，就像是冥界五河的水混到一起"，这是诗人约翰·戈特弗里德·苏梅尔在1782年乘船横穿大西洋时留下的文字。此时此刻必须加入朗姆酒才能下咽。

佩恩的试验成功之后，英国海军总部1731年规定所有的皇家海军船只必须实行朗姆酒配给制。这一法令的颁布成为这一天的高潮，中午 12 点成功实行。一旦水手长发出"提神"的信号，翘首以盼的水手们就会聚集到甲板上。被大家称作"帕萨"的军需官会简单地检查一下酒有没有问题，加点火药点燃，到现在还有很多英国人喜欢这样检查酒的品质。如果朗姆酒和火药的混合物发出的是蓝色的火苗，那说明酒够烈。如果百分之百地确定，就说明酒精含量是 57%。黄色的火焰说明酒精含量超过了 57%，如果根本点不着，那就说明不合格，就会引起船员的不信任感。

　　"上帝保佑女王"，第一杯酒向女王或国王致敬。一周里的每天都有独特的祝酒词，例如周日是为了那些"消失在海上的朋友和同志"；周一的是为了"全世界海上的英国船"；周二是为了"勇敢的船员"；周三是的口号是"为了自己，因为没有人能赐予我们健康"；周四是向"血腥的战争和不健康的季节"致敬，因为这两者可以让自己的上司意外死亡，让自己获得升职的机会；周五的祝酒词是"为了随时准备好的敌人和我们航路的安全"；周六的祝福送给"情人和妻子，希望她们俩永远也别碰到"。

　　在进行海战或者跟海盗战斗之前，朗姆酒配给会加倍。2 品脱（1.136 升）朗姆酒可以消除对即将到来的屠杀的恐惧。虽然效果很好，但同时也会影响甲板上的纪律执行情况，没有什么伤害的吵架有可能演变成血腥的冲突。如果船员把每天的配给攒上几天一次喝光，喝醉之后就会把对上司的不满表现出来，他们会吹着口哨，拉起小提琴和手风琴，吟唱起污秽的诗句。纪律措施非常严厉，可能取消配给，或不让吃饭，更严厉的惩罚措施包括逮捕和用九尾鞭进行体罚。1740年8月21日，弗农海军中将签发了著名的第349号令，要求皇家海军的所有船长将配给量从1品脱减到一半，然后加入1.3升水，这一命令让很多船员接近叛变的边缘。

给朗姆酒兑水的时候，所有的船员和军官都要在场监督。有一个自制的木桶专门用来调酒，里面装上朗姆酒和水，加入柠檬汁和糖。弗农将军喝完第一杯，让下面人看到这种新的饮料没有问题。大家给他起名"格罗格"，借用了他的绰号"老格罗格"，因为他爱穿由格罗格兰姆呢制作的防风防水的外套和裤子，给木桶起名"格罗格桶"。

另一位因为朗姆酒成名的英国海军英雄是霍拉西奥·尼尔森，他奉命从1779年开始在牙买加驻扎了几年。对他来说星期六的祝酒词"献给情人和妻子，希望她们俩永远也别碰到"特别合适。他在战斗中取得成功，而且是一名杰出的战略家，带领英格兰战胜了数量上占优的法国舰队。他在士兵中非常受爱戴，因为他非常谦虚，有亲和力，给下属提供了比较好的补给，包括低级士兵，给生病的士兵提供新鲜的水果和洋葱以及羊肉。在寒冷的水域里，他细心地把一半朗姆酒配给加热发给士兵。他会礼貌地定期给留在家里的妻子范妮写信，而一上岸他就展现了自己性格的另一面，变成了一名兴奋而迷人的聊天者，有些空虚和自恋。

1789年，当英国领事汉密尔顿先生和夫人在那不勒斯见到他的时候，至少爱玛·汉密尔顿被他的魅力所折服。她接管了照料受伤海军英雄的任务，当时他已经失去了一条胳膊和一只眼，还是在她著名的客人之间引发了崇拜热潮。阿布卡尔战役的纪念币铸成之后，为他举行了盛大的派对，欢庆的焰火映红了意大利南部温暖的夜晚。

爱玛在他脖子上戴上印有他英雄头像的大奖章，在他的内衣上都绣上自己名字的首字母和锚，一场丑闻不可避免地发生了。面对年轻妻子对受伤的英雄所表现出来的热情，汉密尔顿先生保持了沉默，英国上层因此推断，他很有可能是双性恋。证据就是爱玛·汉密尔顿将自己名叫霍拉蒂亚的女儿送给了她的战士。纳尔逊爵士生前最后想到的人是她和她丑闻不断的母亲，1805 年 10 月 21 日，他在特拉法尔加战役中因伤牺牲，他的遗言就是"照顾好霍拉蒂亚"。在战斗中他不停地流血，一直到战斗取得胜利。人们决定将他的遗体带回英国，让他享受到军人该拥有的所有荣誉。为了保存遗体，把他放到了甲板上一个竖立的木桶里，装满朗姆酒。木桶旁守卫着一名士兵，三天之后这名士兵见证了一件奇事。木桶盖起来了，是纳尔逊的灵魂出窍了吗？其实是木桶里的尸体腐烂产生的气体。还没到达直布罗陀海峡，船员们就不得不从桶孔里把朗姆酒放掉，然后换上白兰地。这件事是个传说，不过忠实的水手们不会捏造他们指挥官最后的遗言。在海员的语言里，"纳尔逊之血"仍然是朗姆酒的同义词。

19 世纪初，英国海军做出了巨大的努力来统一提高海军朗姆酒的品质。建立中央补给库，除了罗亚尔港以外，还包括朴次茅斯港、塔斯马尼亚的德文波特和孟加拉湾查塔姆群岛。来自西印度殖民地的不同朗姆酒会在这里按照固定的配方混合，然后统一储存，保证交到皇家海军舰船上的酒品质如一，酒精度都是 40%，结果就产生了一种呆板笨重的调和型朗姆酒，只是加入了精美的调味料。

对皇家舰队船员酗酒的投诉从来没有停止，即使在二战期间也出现过非常戏剧性的一幕。1941 年，香港受到日本人的威胁；1942 年，隆美尔带领的德国军队开始威胁亚历山大港。撤退的英国军队在最后一刻才撕掉手里的杂志，把上千加仑的海军朗姆酒倒进海里，无论如何都不能让它们落进仇敌手里。

所以才有了"黑色杯日"，这一刻代表着皇家海军帝国朗姆酒的历史终结。传奇的甘蔗酒再次出现在安德鲁王子和莎拉·弗格森夫人的婚礼上。王子曾经在海军服役，他保留了自己的习惯。650 加仑的酒被遗忘在牙买加的一个仓库里长达 17 年，这有可能是最后一批酒，所以市场上的售价高达 5000 美元一瓶，为了保护好瓶子，把它们放在手工编织的柳条篮子里。

传统意识比较强的英国人查尔斯·托比亚斯在 1979 年获得了皇家朗姆酒的命名权，他为此向海军水手基金会支付了一笔数额尚不明确的费用。这个基金会是一个慈善基金，是海军在"黑色杯日"之后投资 300 万英镑建立起来的，目的是关注海军士兵的社会生活。海军水手基金会经营休闲设施、教育机构和英国海军养老院。

查尔斯·托拜厄斯在英属维尔京群岛的一个小岛托尔托拉上成立了帕萨姿海军朗姆酒公司，并在市场上推出了一款调和型朗姆酒，按照传统的配方混合了六种西印度朗姆酒。直到现在，每箱帕萨姿的收益里都会拿出一部分捐给水手基金会。在托尔托拉岛上的帕萨姿酒吧喝上一杯或者几杯朗姆酒是很多人在加勒比海游玩时期待已久的高潮。这家酒吧现在变成了对昔日光辉岁月的回忆，那时候船是木头做的，男人手里拿的还是冷兵器。

为女王陛下服务
——加勒比海上的西印度海盗

1630 年至 1690 年间，有一群水手游荡在加勒比海绿松石水域，手里拿着英国或法国王室颁发的劫夺敌方商船的特许证，这场低成本的战争针对的是西班牙人。这群海盗又被称作"布坎人"，是当时水手里面的自由职业者。一旦手里的钱花光或者有杀人的欲望，他们就会找个雇主。此时距离法国大革命还有 100 年，这群野蛮人居然非常民主，而且组织有序，船员选出自己的船长，而且决定是否发起进攻的人并不是船长，而是全体船员。他们的分赃系统非常复杂，一旦有人失去了一只眼睛或者其他身体部位，都会按照固定标准获得补偿。有时候大家会生活在一种被称为"同性联盟"的紧密伙伴关系中，水手们共享床、赃物和食物。如果不是同性恋，还会分享女人，一起并肩战斗。

海盗的船比对手更小更灵活，他们喜欢在夜里发起进攻，爬过船舷杀死警卫和所有军官，因为海盗的行动非常迅速，其余的船员经常都会投降，变成自由生活的布坎人。一方面的原因是海盗有喝不完的朗姆酒，另一方面因为自由的代价很高，一旦被打败或被捕，等待每个海盗的就是绞刑，不管他们手里面有没有劫夺敌方商船的特许证。这也能解释为什么这些海盗根本不关心英国和西班牙或法国之间是不是有什么短暂的和平，或者有哪个国王会着急召回自己的海盗。

海盗里面最成功的代表是亨利·摩根船长，有一款同名的朗姆酒就是为了纪念他。从《加勒比海盗》系列电影上映以来，市场营销机器就再也停不下来了。大家喜欢在海盗聚会上装扮成船长，两边簇拥着穿迷你裙的女海盗，手里拿着摩根船长金朗姆酒。这些场景多少能反映17世纪真正的海盗们混乱的生活。尽管如此，这款饮料还是近年来最成功的一种，即使它的酒精含量只有35%，本来不符合朗姆酒的规定。很难解释为什么公司会停止销售好很多的78度摩根船长超高度朗姆酒。很多人都怀念酒吧里喝的这种酒，2厘升这种酒是标准迈泰鸡尾酒的终极成分。

亨利·摩根1655年从威尔士来到巴巴多斯。为了完成航行，他在甘蔗种植园里工作了3年。后来他去了牙买加，他的叔叔爱德华·摩根在当地很有影响力，后来成了该岛的副领事，亨利娶了爱德华的女儿玛丽。虽然不是什么有经验的水手，他还是来到布坎人的船上工作，一开始也是为了支持英国在加勒比海上的利益，因为布坎人跟英国海军经常交换军官，保持着密切的联系。他慢慢成长为这些野蛮人的领袖。

按照新任总督托马斯·马多福德爵士的要求，他从西班牙人手里抢来了哈马普罗维登西亚的主要岛屿，并试图建立一个海盗政府。西班牙人的军队纪律严明，装备精良，所以这次试验很快就结束了。马多福德害怕西班牙人会报复性地进攻罗亚尔港，所以命令摩根快速袭击另一个目标，以转移西班牙人的注意力。亨利·摩根穿着红丝绸，挂上金项链，手上戴满珠宝，装扮成一个成功的海盗，不停地转移自己的藏身之处，并且招募了500名加勒比死士，准备进行下一次劫掠。精心的准备换来了成功，他们征服了巴拿马的波托韦洛，这里是西班牙在加勒比海上的贸易中心，他们抢夺的财宝不计其数。这个城市早在1596年就被英国海盗弗朗西斯·德雷克抢劫过，只不过失败了。亨利·摩根的这次劫掠变成了传奇。为了庆祝胜利举行了盛大的朗姆酒派对，为此他付出了一条船的代价。一个喝醉酒的海盗无意中点燃了火药库，把牛津号炸毁了。总督马多福德承受了很大的压力，因为一直有人要求他停止支持海盗活动，不能再继续颁发劫特许证，不过他经受不住分赃的诱惑，声称自己在罗亚尔港的驻地受到严重威胁。最终，亨利·摩根被逮捕，并押往伦敦。本来以为他会被绞死，不过因为他所做的贡献，最后赐予他骑士称号。

后来他又回到了罗亚尔港，这里因为海盗销赃成为西印度最富有的城市之一。这里的"房子比纽约还要多，酒吧比伦敦都多，妓院数量多过巴黎"，在有些人眼里这是个神奇的地方。"这里是宇宙的污秽所在，是对整个造物主的否定，一个破旧的垃圾场，是上帝在创造世界的美妙秩序时被遗忘的地方……像整个医院都生病了，像瘟疫一样危险，这里就是地狱，是恶魔的所在"，作家爱德华·沃德对这个城市感到愤怒。亨利·摩根1681年被任命为牙买加副总督，7年之后死于常年饮朗姆酒所引起的肝功能衰竭。他在帕利桑德罗的墓地在1692年的地震中被海水吞没，棺椁被冲走，所以亨利·摩根的魂魄从此之后一直在加勒比海上寻找自己的身体。

弗伦斯堡和广阔的世界

"我深深地喝下一口朗姆酒。
一开始我以为会是玉米的柔和醇郁味道，
而这种朗姆酒喝起来更冲更烈，
它是调和而成的，劲头很猛。
像暗红的云霞在我的血液里
横冲直撞，充分激发出我的想象力……"
——汉斯·法拉达，《饮酒者》

德国和朗姆酒的故事算得上一见钟情。这个玉米和土豆的国度很快就永远地爱上了深色的甘蔗朗姆酒，诗人说这种酒是从"海外"来的。

汉斯·法拉达小说里的主人公艾尔文·索莫尔误入歧途，他说很有可能酒是一家弗伦斯堡的企业生产的产品。这座小城的航海家早在17世纪就开始向维尔京群岛运送食物和建筑材料，当时城市还属于丹麦南部省份。回来的时候船上载满咖啡、棉花、烟草和蔗糖，这些蔗糖被送往当地的炼糖厂加工成食糖和糖浆。它很快就成为城市的主要收入来源，让整个城市变得富有。朗姆酒慢慢变成了一种重要的贸易产品。狭长的海湾两边建起了30家朗姆酒厂，不仅将这种充满异域风情的酒销往石勒苏益格，还经过哥本哈根卖到了挪威。其中包括波特和汉森牌，它们不仅在弗伦斯堡，在整个市场上也占有一席之地。

"全世界喝的都是真正的朗姆酒，德国呢？"

1864年，普鲁士征服了石勒苏益格，弗伦斯堡的朗姆酒厂在英占牙买加采购了号称"德国口味"的朗姆酒。德国1871年统一之后，总理奥托·冯·俾斯麦在第一份帝国烧酒垄断草案中对所有的进口酒精按照数量征税，所以朗姆酒厂从此开始进口70—80度的原酒，然后加入粮食酒和水勾兑之后出售。

因为价格比其他进口酒便宜得多，所以这种调和酒的生意非常兴隆。1927年，叙尔特岛和大陆之间的长堤建成，在剪彩仪式上汉森公司将最新推出的一款3升的"汉森一号"朗姆酒交到了德国总统奥托·冯·兴登堡的手上。试喝了一口之后，总统下令允许这家弗伦斯堡的朗姆酒厂用他的头像做标签并给酒取名"汉森总统牌"。

《明镜周刊》于1966年10月发表了题为《朗姆酒——其他的都是水》的报道，描述了来自基尔和不来梅的朗姆酒进口商起诉弗伦斯堡的朗姆酒厂生产调和酒的一系列法律诉讼，他们提出的口号是"整个世界喝的都是真正的朗姆酒，德国呢？"此举在于推销自己的朗姆酒原酒，里面只添加水达到合适的酒精含量。不管是当时还是现在，这种争端都需要靠钱来解决。德国消费者还是喜欢喝调和酒，按照法院判决，弗伦斯堡的酒厂不能再称自己的酒为朗姆酒，所以现在改名"好波特"和"老汉森"。

> "女神给我煮了茶，
> 往里面倒了些朗姆酒。
> 而她自己只喝朗姆酒
> 没有倒茶。"
> ——海因里希·海涅，《德国，一个冬天的童话》

不管是朗姆酒还是调和酒，德国人喝的大部分都是"宾治"和"格罗格"牌朗姆酒，这款诞生于英国的热饮很快就在德国迅速流行，而且热度持久。如果把酒加热，然后加水、茶和柠檬汁稀释，加入香料，那它原来的品质就变得不那么重要了。不过在酒吧里大家却不喜欢调和酒，虽然它让德国因其棕色甘蔗酒的口味出名。而喜欢喝酒的人和品酒师们随着时间的推移越来越喜欢真正的朗姆酒。

弗伦斯堡还是保留了产品的原始特征。在长堤上会举行一年一度的划船比赛，比赛的第二名会得到弗伦斯堡约翰森朗姆酒厂出产的 3 升装朗姆酒一瓶，这是城里最后一家朗姆酒厂，一等奖是一条烟熏鳗鱼。

早期全球化时代的神灯

朗姆酒跟欧洲历史上最黑暗的一章密不可分，也就是对加勒比海盗和中美洲大陆的殖民。旧世界的海上霸主葡萄牙、西班牙、法国、英国、荷兰和丹麦都参与了占领和剥削热带天堂。

宗主国都希望能在殖民地找到传说中的金矿，至少也要发现异国香料。殖民者利用有利的气候条件种植作物，同样能获得不菲的价值。

甘蔗、甘蔗蜡和不太强壮的经济作物都对产地有要求，需要高温和降水，所以都生长在热带开阔地带。甘蔗的茎在 8 到 12 个月的时间里可以长大到 5 米高，长满锋利的叶子。通过光合作用在枝干的所有部位都可以产生蔗糖，然后原封不动地保存在甘蔗的茎髓里，充满汁液的茎髓糖含量最高可以达到 20%。

早在 1493 年，克里斯托弗·哥伦布在自己第二次横跨大西洋的航行时，就将甘蔗苗从加那利群岛带到了伊斯帕尼奥拉，这个岛现在分成了海地和多米尼加共和国。哥伦布的船上有一队阿拉伯囚犯，他们要被送往甘蔗种植园做苦工。辛苦的劳作让他们筋疲力尽，不多久就有很多人死于热带感染。而且甘蔗的生长需要岛上潮湿温暖的环境，西班牙人就在波多黎各、牙买加、墨西哥和古巴种植，葡萄牙把甘蔗带到巴西。

食糖在欧洲是很紧缺的商品，必须有糖才能享受最新从殖民地进口的咖啡、茶和可可，因为当时流行在里面加很多糖。

上帝的礼物：关于酒的故事

新的奴隶主强迫加勒比原住民在自己的种植园里工作，他们虽然能忍受这里的气候，却抵挡不住来自欧洲的病毒，他们也不太适应繁重的体力劳动。欧洲商人在非洲找到了想要的劳动力，他们既能适应气候要求，也能承受工作强度，抵抗各种疾病，这样就出现了一种灭绝人性的横跨大洋的奴隶贸易，但在经济上却非常成功。

在欧洲的港口开始有船载满玻璃珠、五颜六色的面料和镜子，还有家畜和工具，这些都是在非洲西海岸用来交换奴隶的。从1514年到1866年间，有大约1250万名男人、妇女和儿童经过27000条横跨大西洋的通道，从自己在非洲的故乡被绑架到加勒比和北美。在航行途中，每几百个人被绑在一起塞到甲板上，有150万人死在了海上。幸存者被送到凯科斯群岛、圣胡安、哈瓦那、金斯顿和太子港的奴隶市场上出售。在返程路上会在船上装上殖民地的物产，包括糖、糖蜜、水果、烟草，后来还有朗姆酒，它被称为"加勒比海上的液态黄金"或"早期全球化时代的神灯"，就像记者玛蒂娜·温默所描述的那样。

种植园里的甘蔗在奴隶主的照料下日渐成熟，一旦采割下来，必须尽快送到糖厂加工。在风力和家畜的带动下将枝茎里的汁液压榨出来，然后放到大锅里直到糖结晶。离心机可以将固体和液体成分分离出来，剩下的就是想要的蔗糖和副产品，所谓的副产品含糖量也很高，就是我们所说的黑棕糖蜜。

我们现在区分朗姆酒是通过不同的颜色和浓度，在木桶或钢罐里保存的时间长短，不过它们的共同点都是从糖蜜中蒸馏出来的。而当时法国殖民地生产的农业型朗姆酒却不太一样，它不是用糖蜜，而是用新鲜的蔗糖汁蒸馏，酒的香气能让人想起植物原有的味道。还有一种类似的酒也是利用蔗糖汁做的，就是巴西的卡莎萨。

黑金摇篮

　　1609年的一场飓风让英国船长约翰·萨默斯爵士的船停靠在了巴巴多斯。18年之后，英国人带领着只有80人的队伍开垦荒岛，准备种植甘蔗。巴巴多斯以令人炫目的速度成为帝国最富裕的殖民地。有75000人居住在这个加勒比海岛上，其中大多数是西非奴隶。朗姆酒很有可能就是精通酒精类产品的英国人在这里发明的。托马斯·沃尔德克船长在100年之后总结了欧洲列强殖民政策的前提："西班牙人在建立所有定居点时会先盖教堂，荷兰人先建城堡，而英国人虽然身处世界上最偏远的地区之一，即使在野蛮的印第安人中间，也会先开酒店或酒吧。"

　　人们很可能无意中发现，在糖蜜中加入水和纤维颗粒之后，混合物很容易就开始发酵。一开始都把它倒进河里扔掉，或者用作肥料或牛饲料，现在用甘蔗酒做药物，加工后用来奖励奴隶。原始的蒸馏装置加强了效果，早期的朗姆酒前身有很多名字，像"塔法""杀死魔鬼"或者"基尔德夫"。1661年，牙买加总督颁布的一条法令里第一次出现了从"叛乱"

（Rebellion）引申来的"大声喧哗"（Rumbullion）一词，随着时间推移简化成了朗姆酒（Rum），用来表示加勒比海的棕色黄金。

生产条件很快得到改善。1655年，巴巴多斯已经蒸馏出了90万加仑朗姆酒，收益都集中到种植园主手中。大多数人，包括英国移民都很贫穷，更不用说奴隶们悲惨的生活状况了。岛上的奴隶平均存活时间为3年，朗姆酒可以有效地对抗疾病、绝望和思乡症。理查德·利贡是岛上的一位编年史作家，1657年因为负债蹲进了伦敦的一家监狱，他在狱中写道："人们喝得很多，太多了；喝醉后经常睡到地上，这样很不健康。"尽管他发出了这样的警示，却给世界留下了加勒比小猪脚馅饼与五香猪皮配方，同时强烈推荐喝上一杯"杀死魔鬼"。

到了18世纪，蔗糖生产中产生的糖蜜数量远远超过了当地酿酒厂的产能，剩余的糖蜜首先出口到了欧洲，而且加勒比海岛和欧洲并不是唯一的朗姆酒产地。早在1620年，清教徒定居者已经在新英格兰地区的美国东北部海岸活动，这里虽然荒凉，渔业资源却很丰富。在血腥的战争中，全副武装的朝圣者将印第安原住民赶往西部地区。他们用咸鱼在加勒比交换朗姆酒，不过主要还是用来换糖蜜，然后自己酿酒。不过朗姆酒的生产并不像在巴巴多斯岛上那样遍地开花，糖业大亨们只把用于蒸馏的原材料运往新英格兰销售。加勒比海岛上主要种植甘蔗，作物单一导致对食品进口的依赖。1640年，纽约大量出现的酿酒厂开始生产朗姆酒，成为新英格兰最大的工业部门，朗姆酒成为销往非洲奴隶市场最重要的出口商品，可以用它来交换奴隶，并为加勒比海岛上很快就筋疲力尽的种植园工人提供补给。

教会支持这种发展，出租自己的房子作为仓库，有时候甚至在弥撒室旁边建起自己的酒厂。超过15岁的新英格兰人平均每天要喝7杯朗姆酒。因为高度酒即使在零度以下也不会结冰，所以面临寒冬侵袭的大浅滩渔民把它当作生存必需的液态能量源。

朗姆酒除了在奴隶贸易中的货币功能以外，在驱逐和灭绝北美印第安原住民的过程中，也扮演了阴暗的角色。美国的创始人之一本杰明·富兰克林在自己的自传里详细地总结了这一事实："如果想消灭野蛮人，为土地订购客户创造空间，朗姆酒看起来可能是一个有效的手段，因为它已经消灭了原来居住在海岸上的所有部落。"印第安人虽然也做发酵酒，却无法酿造高度蒸馏酒，所以很快就对朗姆酒产生了依赖性。只要给他们提供足够的朗姆酒，他们就会很痛快地签署休战和土地割让条约。

朗姆酒和独立战争

在新英格兰地区，纽约和波士顿成为重要的贸易中心。早在1651年，英国就颁布了《航海法》，试图组织美洲殖民地与法国、荷兰和其他欧洲国家的贸易，如果可能的话。

朗姆酒其实很烈，是科涅克或白兰地的两倍。这些酒水在欧洲母国的生产商开始抵抗这种来自殖民地的新酒，并于

1713 年施行了朗姆酒和糖蜜进口禁令，所以法国的加勒比殖民地也把自己的糖蜜销往附近的新英格兰地区。价格降下来了，美洲新世界的殖民地终于可以第一次以便宜的价格在非洲奴隶市场上销售朗姆酒，而且成功地打败购买劳动力的竞争对手——英国贸易商。

1733 年，英国对《糖蜜法案》的颁布做出反应，对日不落帝国之外生产的朗姆酒和糖蜜课以重税，以达到阻碍法国殖民地与美洲新世界贸易的目的。新英格兰人提出抗议，不过英国的糖业大亨们已经在议会得到了足够的支持。这项严格的法案首先导致走私和欺诈案数量飙升，因为罗德岛进口的每 100 万加仑糖蜜只收取 5 万英镑的税，所以 1770 年仅非法出口到圣克罗伊的数量就达到 53.9 万加仑。

表面上新英格兰只向母国提供皮毛，而且越来越依赖快速增长的工业和自己的贸易网络。朗姆酒提供了必要的流动性。首先，对朗姆酒贸易的限制在北美洲殖民地增加了对英国的愤怒和不满，最终导致 1775 年的美国独立战争。美国第二任总统亚当·斯密在日记里写道："我不知道，如果承认糖蜜是美国独立的一个基本要素，我们为什么会脸红。"

马萨诸塞州、宾夕法尼亚州和纽约州的地主和种植园主们喜欢的饮料包括进口的科涅克、白兰地、雪利酒和马德拉白葡萄酒，还有红酒和香槟，日常喝的还是朗姆酒。1763 年美国的朗姆酒厂不少于 159 家，仅在波士顿就有 30 家，朗姆酒的生产成为决定性的经济部门。

乔治·华盛顿也是一名殖民地大地主，后来成为美军总司令，然后当选为美国总统。他的异母兄弟劳伦斯跟随弗农海军中将在英国海军服役，1761年继承了弗吉尼亚州一个庄园，为了纪念自己的指挥官给庄园起名为弗农山庄。他种植烟草，然后委托给伦敦的贸易公司出售，然后按照英国贵族生活的标准购买当地商品。乔治·华盛顿的购物清单上可以发现昂贵的酒杯、酒碗和倾析器。

华盛顿从1751年就开始喝朗姆酒，当时他陪着自己的哥哥去巴巴多斯旅行。这次旅行让他感染了天花，治愈后终生拥有免疫力，也奠定了他对金色朗姆酒一生的钟爱。

大陆会议在威廉斯堡举行选举前一夜的集会上，华盛顿邀请他潜在的选民畅饮啤酒、红酒、宾治、苹果酒和26加仑巴巴多斯朗姆酒。他被选举进入弗吉尼亚州议会，同时成为民兵总司令。这支部队将在美国独立战争中最终打败英国军队。在整个战争期间，华盛顿尽其所能为自己的队伍改善装备、食物和医疗条件。在他看来，预防天花跟分酒给大家一样重要，因为酒对士气和士兵的身体都有好处。他在弗农山庄建起了很多蒸馏设备，然后用自己的原料制作威士忌，用糖蜜酿造朗姆酒。因为自己生产的酒品质纯正，所以乔治·华盛顿才能不依赖母国英国。

一说到酒，就不得不提到它的一系列缺点，很难解释这些问题，例如1919年1月15日发生的波士顿糖蜜灾难。

由于温度从零下16摄氏度骤然升至6摄氏度，导致一个27米长的铸铁罐爆裂，950万升糖蜜涌到商业街上，高架铁路的钢梁就像火柴一样弯折，导致火车脱轨；房子被连根拔起，

珍珠鸡尾酒

10 mL 糖浆或另一种糖蜜

4 颗 薄荷枝

大约 100 mL 烈酒

稍微沾湿或用薄荷枝搅拌糖浆和酒，浸泡几分钟，然后将混合物放入铺满碎冰块的银珍珠杯或小长饮杯里。

将北角码头冲进了港湾，让北角公园变成了黏湖；导致21人死亡，还有很多马和狗，至少有150人重伤。超过300名工人花了两周时间才将这些黏糊糊的泥山从马路上清除。波士顿海湾一直到夏天结束都充满了棕色糖蜜，甜蜜的气味在整个地区持续了数年。

众神之饮——提基

30年代伊始，北美还笼罩在经济危机的阴云中，大规模的银行倒闭产生了严重的影响，所以很多人选择借酒消愁。欧内斯特·雷蒙德·博蒙特·甘特，后来改名唐·毕奇，很快就嗅到了大萧条的气息，预感到很多人会选择逃避现实，所以他就在自己位于麦克卡登街旁的唐·毕奇咖啡馆里竖起了第一批塑料棕榈，这里距离好莱坞山不远。他的祖父是美国南部的种植园主，很小就带领自己的孙子见识了大海、加勒比海岛和朗姆酒，带着他看工人们一早出发去牡蛎养殖场，看他们用黑色的银杯喝朱力普，给他展示新奥尔良的夜晚，让他看75岁高龄的老人如何找到美丽的恋人。他们俩还一起载着满满一船非法朗姆酒躲避海岸警卫队的巡逻。这种自由享乐主义式的教育方式影响了唐的一生。

麻垫、兰花和香蕉树挂满了酒店的墙壁，波利尼西亚众神"提基"的眼睛俯视着大地。他在这里召唤的海神之魂刚好可以安慰客户们受伤的心灵。而且他特别善于创新，在加勒比朗姆酒的基础上调和出不同的颜色和烈度，他被称为"僵

尸鸡尾酒""鲨鱼齿鸡尾酒"和"傅满洲鸡尾酒"之父。僵
尸鸡尾酒的产生是因为一位客人不想清醒地参加商务会见，
所以让自己喝下这杯世界名酒，然后变成活死人，对客人倾
心的服务得到了回报。好莱坞电影很快就注意到了这家酒吧，
查理·卓别林和马琳·迪特里奇都很喜欢这种高度朗姆酒饮料。
唐招徕了四名菲律宾调酒师，取名"鸡尾酒四少"，很快就
出名了。越来越多的人开始模仿他的鸡尾酒，所以他决定采
取一套显得稍微有些偏执的系统，就是在吧台后面调制的所
有酒都没有标签，只有编号。不管是客人还是调酒师都不会
知道它的配方。第二次世界大战打断了麻垫和棕榈树下的美
好夜晚。唐·毕奇应征入伍，被派往欧洲服役。其间妻子桑尼·桑
德和他离了婚，她扩大了酒吧生意，又建了16家名为"流浪
汉唐"的酒吧餐厅。战争结束之后，法院禁止唐以自己的名
字命名的酒吧开业，所以他回到了夏威夷基基海滩的一处度
假胜地，按照原来的样子经营一家酒吧。

抄袭者没过多久就来了，维克多·伯杰隆是其中最成功
的一位。他去过唐的酒吧餐厅之后，号称自己也被波利尼西
亚病毒感染了，所以将他在奥克兰的新记饮料酒吧奉献给了
南海诸神，而且按照他太太的建议将酒吧更名为"维克商船"。
他也巧妙地在吧台后面调酒，而且商业意识更强，将他的酒
吧变成了特许经营企业，让全球各地的酒店经营者购买饮料
配方和菜谱，包括内部设计理念。他把鸡尾酒放在提基马克
杯和按照神像制作的陶瓷杯里，有时候也放到新鲜的菠萝和
椰子里。

他的客人有时候会表现得很可怕，他就在腿上扎上一根冰镐，然后在目瞪口呆的客人眼皮底下咬着牙拔出来。其实也没那么糟糕，因为他的腿是木头做的，原装的腿被鲨鱼吃掉了，常来酒吧喝酒的客人都知道，然后他会喝上一杯迈泰。其实他的腿是小时候得了肺结核被截肢了。流浪汉唐酒吧里供应的是简单的粤菜，而维克商船酒吧的厨房混合了美国和亚洲特色。按照波利尼西亚的传统，菜肴应该放在真正的兰花和水果装饰的盘子上摆满整个桌子，不能只做一人份，所以有些鸡尾酒也会放到大容器里，够4—8人喝。"为生活中所有的快乐干一杯，不要去管那些烦恼，它们比你想的要晚得多"，唐·毕奇经常警告自己的客人，但都是徒劳。时尚的装饰和幽静的所在成了这家店的特色。1959年，在访问美国期间，尼基塔·赫鲁晓夫婉拒了女士节目的邀请，在西尔斯买了些东西，然后就去维克商船吃饭了。理查德·尼克松原来就是华盛顿希尔顿酒店里维克商船酒吧的常客，里根还在1983年带着英国女王到维克商船酒吧喝朗姆酒吃乳猪。

维克商船酒吧给饮酒爱好者奉献了"蝎子""萨摩亚雾斗"和"堕落的传教士"。流浪汉唐酒吧和维克商船企业的拥趸对于到底是谁发明大获成功的提基鸡尾酒——迈泰一直争论不休，这种鸡尾酒是将年份越久越好的牙买加朗姆酒、甜柠檬和凯科斯橙子，以及一茶匙杏仁糖浆混合到一起。迈泰太好喝了，不像是来自这个世界的饮料，是超自然的发现，这场引发世界关注的诉讼程序最后得出了这样的结论。双方采取庭外和解的方式，统一唐拥有以自己命名的鸡尾酒，而伯杰隆拥有被世界称为"迈泰鸡尾酒"的发明权。

1963 年，沃尔特·迪士尼开放了"附魔提基室"，150 个会说话会唱歌的机器人扮演成神、动物和植物进行表演。猫王表演了天堂夏威夷风格，他明确地告诫自己的电影女主角要小心迈泰。70 年代刚刚刮起一场南海风，美国到处都是夏威夷衬衫、四弦琴和麻裙，后来慢慢平息了。马丁·斯科西斯的黑帮犯罪影片《好家伙》里，嫌疑人通常都会在一家提基餐厅里游荡。金发服务员胸前挂着花环，身着夏威夷衬衫。桌椅上的小灯外面套着麻裙，夕阳映照在罗伯特·德尼罗、乔·佩西和雷·利奥塔硬朗的面容上。精心构建的绝望沉重的内部装饰风格和麻木不仁的顾客形成强烈的对比，餐厅经理小心翼翼地递上了账单。乔·佩西一拳将他打倒在绣满野花的波利尼西亚地毯上，然后一脚踢到他的屁股上。提基出局，众神归位。

原汁原味的提基鸡尾酒通过酸柠檬和甜柠檬小心地平衡热带水果的甜度。不同色泽和烈度的朗姆酒种类赋予了它们复杂度和深度，肉桂和肉豆蔻起到中和的作用。很多模仿者把甘洌的朗姆酒饮料变成了加糖朗姆水果酒，酒的原汁原味消失在小伞的阴影里。

"蔗糖幸运儿"

19 世纪中期开始，古巴寻求摆脱西班牙殖民统治的呼声越来越强烈。在狂野的古巴东部，进步种植园主、咖啡种植者、农民和克里奥人爆发了起义，许多人恢复了奴隶的自由身。起义军装备简陋，经常手持砍刀，而且给养严重不足，就这样和自己原来的主人一起反抗西班牙强权。黑人将军安东尼奥·马塞的军队向哈瓦那挺进，到1898年似乎已经胜利在望。

直到这时候美国才决定向起义军提供支持。在哈瓦那港，美国海军的战船缅因号莫名其妙发生了爆炸，媒体发出了"记住缅因号，和西班牙一起下地狱"的战斗口号，一时间舆论哗然。沙夫特将军带领30万士兵开赴古巴，他在对印第安人的战争中获得了极高的军事荣誉，不过他的名声也不太好，都说他是无情的种族主义者。和他并肩作战的是伍德疲惫的军队，本来他们是伦纳德·伍德上校带领的一队骑兵，因为缺乏马匹，所以只能徒步前进。他的副手，也就是后来的总统西奥多·罗斯福亲自招募了自己的勇猛骑士，里面有印第安人、牛仔、大学生和运动员。沙夫特非常胖，所以必须坐在马车上，第一次和起义军碰面的时候就注意到了他们绑在马鞍或腰带上的瓶子，他们很乐意让这位陌生的将军尝一口。这就是莫吉托，是用生甘蔗酒和甜柠檬汁和蜂蜜混合成的饮料，是这支五颜六色的盟军赖以生存的食物来源，也可以做点心、给伤员进行麻醉。"加点冰不失为一款好饮料！"这是沙夫特的评语。这句话变成了预言，会在以后得到验证。

1898年，决战在圣地亚哥打响。勇猛骑士在战斗中夺取了圣胡安山，和古巴军队一起驻扎在圣地亚哥的乡村，而美国舰队在海战中消灭了西班牙战船，这样城市的补给就被切断了。西班牙军队在 7 月份投降，美国人这场辉煌的小战争持续了整整 4 个月。

古巴人并没有参加和平谈判，西班牙人将波多黎各和菲律宾割让给美国，而将古巴置于美国军事管辖之下，直到 1905 年。从此之后，北美的军事基地得到加强，而且美国占据了农业、运输和采矿业的战略要地。迄今为止很多古巴人都感觉，1898 年因为美国的干涉才取得对西班牙的胜利是一个骗局。

"喝朗姆酒和可乐"

——安德鲁姐妹

美国人没有给古巴带来渴望的独立，却带来了可口可乐。这种全新的饮料是亚特兰大的一位名叫约翰·史蒂斯·彭伯顿的药剂师在 1885 年用可乐果、咖啡因和古柯叶做成的，目的是用来治疗头痛和体虚乏力。1907 年，古巴人也建立了自己的可乐工厂。"自由古巴"是一款用朗姆酒、甜柠檬和可乐加冰混合而成的鸡尾酒，让古巴人尝到了背叛的滋味。驻扎在古巴的美国士兵禁止饮酒，所以可乐就用来伪装浅色的古巴朗姆酒。

美国的采矿工程师詹宁斯·科克斯在狂野的古巴东部马埃斯特腊山脉开采一个镍矿。在湿热的工作环境下，能让工人留下来的是丰厚的薪水和奖励，包括免费住宿、雪茄和每月 4.5 升百加得卡塔布兰卡高级朗姆酒。孤独的科克斯敢于尝试，他将当地古巴人喜欢喝的混合饮料①加上冰，给世界奉献了一款最受欢迎的朗姆酒饮料"得其利"，这个配方很快就广为流传。

美国 1920 年开始施行禁酒令，哈瓦那就成了喜欢喝酒的美国人向往的麦加。"飞到哈瓦那，沐浴在百加得里！"这是佛罗里达的旅行社的广告词。老城周围的豪华酒店和储藏丰富的酒吧让人一身轻松，可以逃离故乡尽情地享受。"第一个停靠的港口，就是潮湿开始的地方。"这是"邋遢乔"酒吧的主人何塞·奥特罗②用来招呼客人的广告词，这里每天都挤满了美国游客。古巴调酒师成为客人喜爱的明星，其中最著名的是康斯坦丁·里巴拉瓜，大家都叫他"康斯坦特"。1912—1952 年，他在蒙特塞拉特街上经营一家佛罗里达酒吧，他做的"爸爸的渔船"鸡尾酒不放糖，用了双份朗姆酒和少许葡萄柚汁。

他做出了两种改进版得其利，都出现在文学作品里。拉福罗里达除了含有朗姆酒、糖和柠檬之外，还有一茶匙黑樱桃利口酒，是康斯坦特在买下一款"高射炮"制冰机之后用兑酒器做成的冰冻得其利。这台机器是第一台可以做出雪花冰的制冰机，调酒师可以在制作冷饮的时候获得介于固体和液体之间的冰。

---

① 包括朗姆酒、甜柠檬汁和糖。

② 又名邋遢乔。

"他喝了双份得其利，装在康斯坦特做的冷冻杯里，这样就闻不到酒味了。如果一口喝下，那种感觉就像坐着雪橇从冰川上面滑下来，等到喝到第6杯或第8杯，就会感觉在往下滑的时候没有系绳子。"欧内斯特·海明威是酒吧的常客。每到午饭的时候，他就会第一个来到酒吧研究当天的报纸，然后看着酒吧开始一天的忙碌，然后要上一杯或几杯得其利，开始做笔记。老态龙钟的中风女孩霍内斯塔·里尔是他的朋友。他在《河流中群岛》里重现了自己的英雄跟威严美丽的女孩在吧台前进行的一段对话，聊的是这个世界混乱的状态，不可能的爱情和生活的困难等，"……虽然是醉话，其实也不是醉话。看看你的冰酒杯，没有放糖，如果我把所有的糖一起喝掉，很快我就不行了。""你瞧我。如果别人喝了很多不加糖的酒，就会死掉……"奥波德拉·拉·霍内斯塔生病的时候，海明威给她付了医疗费，她去世的时候他是为数不多参加葬礼的人之一。安东尼奥·梅兰目睹了这一切，他做了很多年调酒师，是康斯坦特在自己的《古巴鸡尾酒——海明威的调酒师大揭秘》一书中的接班人。

海明威在哈瓦那郊区的瞭望山庄里生活了20年。加里·库珀在阳台上游荡，阿瓦·加德纳在泳池里裸泳……这是一个平和的地方。鸟儿欢唱，空气中充满热带植物的香气，所有的一切都一目了然：房子、花园、皮拉尔号小船和四条狗的墓地。海明威成了古巴民间传说的一部分，向游客讲解海明威成为拉福罗里达酒吧的固定旅游项目。汗流浃背的旅行团会在著名的饮酒厅里用餐，许多电动调酒器不停地调配得其利。有人指给他们海明威坐过的椅子，一座按照真人尺寸制作的雕像随意地依靠在柜台上，邀请大家来拍照。他们追寻着海明威的脚步，就像天主教徒追随着十字军到达耶路撒冷。如果运气好的话，能在涨潮和退潮之间的那小会享受到一杯"爸爸的渔船"鸡尾酒。

欧内斯特·海明威与这座岛紧密相连，就连他因为《老人与海》所获得的诺贝尔文学奖章，也捐赠给了冯·科布雷圣地教堂。"二战"期间，瞭望山庄成了间谍基地。1942年，斯普鲁伊尔·布鲁登成为新一任美国大使，他是一位优雅雄辩的男士，他将世界闻名的作家招募成了美国秘密特工。海明威对这座岛了如指掌，而且跟所有阶层都有接触，不管是西班牙贵族还是小偷。布鲁登说他的间谍网还有"几位调酒师，几个造船厂工人，几位退役回力球运动员和斗牛士，两位巴斯克牧师和流亡的伯爵和公爵"。西班牙共和国的支持者，从敌方阵营招募的几个长枪党，还有妓女和皮条客也都为他效劳。玛莎·盖尔霍尔是记者、作家和海明威的第三任妻子，她对山庄里来来往往的人群感到不安，生气地把山庄称作"骗子工厂"。

布鲁登非常看重海明威的报告，认为它们非常准确，会仔细地研究，而联邦调查局却对这位新特工感到头晕。埃德加·胡佛认为海明威是法西斯支持者，而且他的特工都没有经验，也缺乏想象力。仅仅过了一年，骗子工厂的工作就停下来了。海明威开始把自己的皮拉尔号小船改装成一条侦察船，和船长古巴人格雷戈里奥·富恩特斯一起沿着海岸线为美国海军搜寻德国潜艇。富恩特斯原来是一位渔民，正是他启发了海明威，写出他最著名的小说《老人与海》。

一直到1959年，哈瓦那仍然是喜欢喝酒的美国游客最喜欢的短途旅游目的地之一。最后一位独裁者富尔亨西奥·巴蒂斯塔为美国投资的酒店和餐厅减税并颁发赌博许可证，黑帮也投资了著名的维达多区的酒店。国民、里维埃拉和卡普里酒店以其现代化的舒适环境，以及豪华的歌舞表演和赌场吸引了大量游客。泛美航空公司设立了几条航线，乘客在飞机上就可以听到曼波乐队的演奏，喝上一杯得其利，观看热带舞蹈表演，直接进入哈瓦那的周末气氛。哈巴纳希尔顿酒店应该超越其他所有酒店，酒店的开业一再延迟，一直到1958年冬天才开门纳客。不过好景不长，1959年1月1日，哈瓦那作为美国游客热带游乐场的光辉时代结束了。菲德尔·卡斯特罗带领着自己的大胡子部队接管了政府，将自己的指挥部建在了哈巴纳希尔顿酒店的顶层。过了一段时间，酒店管理层小心翼翼地询问他们怎么付账，结果起义军很快就查没了整个酒店，然后改名为"哈巴纳自由酒店"。

朗姆酒的喧哗声

1960年10月4日，广播宣布，所有的私人大型企业都要收归国有。

百加得公司此时已经成为古巴最重要的朗姆酒生产商和出口商。自1862年开始，公司推出的百加得白朗姆酒取得极大成功，创造了一种轻巧优雅的朗姆酒风格，其酿造特点是木质活性炭过滤、长期储存和使用特别酵母菌发酵，这样就能实现精致的科涅克或白兰地所能达到的品质。公司还在马埃斯特腊山起义军胜利的那一天拉上了横幅，写上"谢谢菲德尔"，飘扬在公司总部大楼上。公司一开始就很谨慎，部分企业和神圣的酵母都在国有化之前转移到了巴哈马。百加得的总部现在位于波多黎各，70年代成功的"3S"①广告策略让公司成为全世界最大的私人朗姆酒生产商。企业家族很早就选择了蝙蝠作为酒的标志，萨泰里阿教是一种与巫术有关的自然宗教，它的非裔古巴信徒认为蝙蝠是幸运的象征。这个标志到现在为止也能让人过目不忘，识别度很高。在当时，城市里只有1/4的人会读写，所以蝙蝠标志也能让文盲知道自己要买什么。

不是所有的企业家都能看透古巴革命，起码能将部分生产转移到国外。

阿沙沙拉家族和百加得家族一样从事了几十年的朗姆酒生产，1934年开始出品著名的"哈瓦那俱乐部"牌朗姆酒。家族的财产和生产设施被古巴政府收归国有之后，绕道西班牙定居在了美国，后来放弃了朗姆酒生意，姓名权在1973年过期之后就没有再续。

---

① 大海、沙滩和阳光。

在进行国有化之后，古巴的朗姆酒生产和销售都掌握在古巴外贸出口公司手中，公司 3 年之后获得了"哈瓦那俱乐部"品牌权，并在 80 个国家注册，包括美国，不过却不允许在美国销售，因为从 1962 年开始美国就对古巴商品实施了禁运。法国饮料集团保乐力加和古巴出口公司在 1993 年成立了合资公司，帮助这个当时还微不足道的品牌生存了下来。法国人投资兴建了新酒厂，然后利用自己完善的销售网络进行销售，让哈瓦那俱乐部以每年两位数的增长率迅速占领了世界市场。

百加得公司拥有不同的朗姆酒品牌，而且也生产其他酒。公司早在 60 年代就开始资助推翻卡斯特罗政府的计划，哥伦比亚记者埃尔南多·卡尔沃·奥斯皮纳在自己的《百加得：隐藏的战争》一书中写道，何塞·佩宾·博世是家族和董事会成员，他计划轰炸古巴炼油厂，希望能在岛上被迫停电期间终结菲德尔·卡斯特罗的统治。国安局 1998 年公开的文件证明佩宾曾经和黑帮杀手接触，而且已经为谋杀切·格瓦拉、劳尔和菲德尔·卡斯特罗支付了约定的 15 万美元里的 10 万。

公司还希望通过合法的手段把新统治者孤立在自己的老家。1995 年，公司从阿沙沙拉家族手中购买了已经停用多年的哈瓦那俱乐部品牌使用权。接受百加得经济支持的美国参议员杰西·赫尔姆斯很有可能就是 1996 年通过的《赫尔姆斯－伯顿法案》的设计者。法案给古巴政府制定了一个让它作为民主政府合法化的措施目录，然后对古巴所有的贸易采取制裁措施，如果有外国企业参与投资被吞并的古巴企业，就会被剥夺美国签证。

狂热的百加得说客奥托·胡里·里奇得到美国总统乔治·布什的支持，把古巴列入了恐怖国家黑名单，名单上除了古巴还有伊朗、苏丹和朝鲜。

围绕著名的哈瓦那俱乐部品牌，保乐力加和古巴出口公司与百加得展开了法律争夺。大量的诉讼程序让双方花费了数亿美元，而且并没有结束的迹象，双方就产品在美国市场上的销售权展开了拉锯战。1998 年，美国国会批准了一项长达 4000 页的公共拨款法案，其中的第 211 节是《百加得法案》，是一位说客拿了朗姆酒生产商 60 万美元写的，禁止被吞并的古巴企业在美国登记和延长商标保护权。不得不提的是法案颁布的时候，企业国有化已经过去了将近 50 年。

这项法令的颁布让世界第一次看到可以将外交和私人利益与国际贸易权捆绑在一起。这一点在司法上非常值得怀疑，而且世界贸易组织也对此提出了批评，要求美国在 2004 年之前撤销第 211 节，不过至今也没有得以实施。

《百加得法案》使古巴出口公司和保乐力加公司无法延长在美国的商标申请。

百加得在哈瓦那俱乐部品牌上加入了波多黎各朗姆酒在美国市场上销售，菲德尔·卡斯特罗失去了耐心，让记者知道他已经下令生产古巴百加得。

这个独特的建议充分说明了第 211 节的荒谬，不过尚未付诸实践。

而保乐力加早在颁布禁运令之后就开启了对备用商标"哈瓦尼斯塔"的保护措施，希望通过这种方式在美国销售真正的古巴朗姆酒。

　　朗姆酒从一诞生到现在都跟国际政治和经贸关系的错误和混乱紧密相连。

第五期
杜松子酒

Fünftes Semester:
Der Gin

故事发生在1961年的意大利。清晨的阳光照亮了科莫湖岸边雪白的别墅，棕榈树伸展着自己油亮的树叶，背后是阿尔卑斯连绵的群山。大气的花园里种满柏树和龙舌掌，大理石狮子守卫着花园的入口，它们光彩夺目的白色背影和蓝色的天空相映成趣，一切都像在一幅画中。别墅的大厅还没有全亮，管家莫里斯走进来找主人——美国实业家罗伯特·塔尔博特[①]，他不像平时一样手里端着一杯香槟站在阳台上，而是拿着一杯加冰杜松子酒坐在大厅里。前一天晚上很难过，洛克·哈德森的状态一看就很混乱，他一夜未眠。碰巧是花花公子塔尔博特奉命保护一群小姑娘，让她们别被受睾丸激素驱动的年轻男人骚扰。他在酒吧里如痴如醉地跳了好几个小时的舞，然后在桌子下面喝下卡萨诺瓦斯，他失去了他深爱的恋人丽莎（吉娜·劳洛勃丽吉达），然后解雇了多年的好友和无所不能的管家。莫里斯问他可不可以最后一次为他端上早餐，塔尔博特拒绝了，他想了一会儿，要了一颗橄榄。"早餐喝马提尼？"管家忧心忡忡地摇了摇头，莫里斯回应他说：

---

① 洛克·哈德森。

"喝一杯可以完美地度过剩下的一天，尤其是前一夜没睡好。"

对于许多酒吧常客和调酒师来说，他过去和现在都是鸡尾酒之王。这种饮料放在著名的锥形磨砂玻璃杯里，从简单的一款饮料成为"酒吧文化的标志"——美国批评家马丁·格兰姆斯。不管怎么说，喝一杯干马提尼鸡尾酒确实是一种非常特殊的体验。上面描写的一幕来自罗伯特·穆利根的电影《金屋春宵》，可能最好地描述了这种饮料所代表的高贵地位。

好莱坞很早就在电影里用这种饮料做装饰。1934年到1947年间拍摄了6部《瘦子》系列电影，其中第一部以达希尔·哈米特为原型，现在某种程度上可以看作是马提尼的广告片。几乎每过3分钟，威廉·鲍威尔扮演的侦探尼克·查尔斯或米尔纳·洛伊扮演的太太诺拉都会在狗阿斯塔先生的带领下随时喝上一杯马提尼，不管是白天还是夜晚。他们生活富裕、充满魅力、头脑灵活而且性感迷人。尼克根本不像一个侦探，他没有任何想接案子的欲望。"这会使我在喝酒方面落后，"他解释自己为什么这么保守，都是等电影里的尸体收集好了他才出现。剧情让位给了夫妻双方关于无数饮料的激烈争论。"你在收拾东西吗，亲爱的？""是的，亲爱的，我就是把酒倒掉。"在乌龟赛跑比赛中，尼克输给了诺拉240杯马提尼。她在酒吧碰见尼克的时候点了5杯马提尼，因为之前尼克已经喝了5杯，然后把它们在吧台上排成一排，这样可以尽快赶上尼克的进度。"亲爱的，你要来杯喝的吗？"不管是宿醉刚醒还是头痛，俩人都会这么问。

詹姆斯·史都华1950年在电影《我的朋友叫哈维》中扮

演的艾尔伍德非常喜欢喝马提尼，陪伴他喝酒的是一只两米高的兔子，也叫艾尔伍德，而且只有他能看到这只兔子。而电影里说的到底是常年饮酒对身体的影响，还是凯尔特地精变成了兔子，到最后也没有揭晓。唯一能容忍这位看不见的朋友的地方就是查理酒吧，这里的调酒师每次都会顺便给他上两份马提尼。艾尔伍德继承了一份遗产，变得很有钱，不过他没有选择骄傲和野心，而是选择了对下层人民的友好、风格和完美表现。不管是碰到邮递员、门卫还是护士，他都会彬彬有礼地递上自己的名片，而且经常会邀请对方一起共进晚餐。他的家人想证明他的精神不正常，而桑德森医生在收纳他的时候小心地问艾尔伍德，为什么每个人时不时的都要喝上一杯，他回答说："是的，医生。事实上我现在就想来一杯。"

马提尼始终代表了一种态度，希望能在日常生活的荒诞中保持自己的乐趣，不投降、不顺从、不无聊、不发疯。喜欢马提尼的饮酒者希望告诉世界的是一种风格、一份宁静和一杯酒就能消除烦恼的能力。汉弗莱·博加特在说到自己在酒吧度过的无数夜晚时表示："猴子爬树爬得越高，尾巴就露出来的越多。"他认为那些不喝酒的人只是害怕自己的浅薄。能帮助我们深入了解这一点的就是著名的杜松子酒和苦艾酒混合饮料，这是迄今为止最著名的鸡尾酒，是鸡尾酒发展历史上的一个重要节点。

历史上出现的第一份著名配方是 1904 年在巴黎的一家美国酒吧"美国饮料配方"，是弗兰克·纽曼做出来的，在展示自己制作过程的时候每次都加入相同分量的杜松子酒、干苦艾酒和一滴芳香苦味剂。他把这些成分放到搅拌杯里，用酒吧勺加上冰块小心地混合好，然后放到事先冷藏的鸡尾酒杯里，撒上柠檬皮，端上来之后要趁凉喝掉。

严格的仪式化制作过程要求每一个步骤都非常精确，动作要快还不能太过匆忙，避免不必要的温度升高，使用最好的材料做出最和谐的饮料之一。

如果比较一下不同的酒精饮料产生的不同作用，就会发现这种鸡尾酒并不是偶然间成为酒吧文化的象征，很大一部分是出于美学的原因，而且也是在公共场合喝酒的理想伴侣，因为像红酒、比较好的麦芽威士忌、白兰地或科涅克是一种聪明的选择，不过更适合私下里喝，而朗姆酒和其他的所有蔗糖酒都强调对夜晚的感性认识，而伏特加主要是为了逃避现实。只有杜松子酒能让我们了解社会现象，而不是醉得不省人事，连自己的内心和别人的谈话都听不到，而且随着夜色渐浓会不断出现新的高潮。

喝醉的狗——布努埃尔和他的马提尼

喝酒的时候不一定要有人陪着，最经典的马提尼喝法，就像汉弗莱·博加特把酒变成一个神话故事一样，虽然要和其他人一起分享，却不是作为光彩耀眼的核心人物，而是成为具有讽刺性和批评性的局外人。对导演路易斯·布努埃尔来说，酒吧就应该"是一个孤独的地方。必须尽可能地昏暗，但要很舒服，最重要的是必须安静。每一首音乐，即使最遥远的，都要被唾弃……最多只能有十几张桌子，尽可能只接待常客，一般都不太健谈。"酒吧对他来说是一个冥思的地方，是和朋友聚会的地方，可以让他沉静几个小时，不去想那些电影画面，这些画面不光是电影的观众，包括自己也会感到吃惊。"为了让自己在酒吧里进入一种遐想的状态，而且能保持好，必须来一杯英国杜松子酒，所以我最喜欢的是干马提尼。"所以布努埃尔总是遵循固定的仪式：冰块、调酒器、杜松子酒和酒杯必须在冰室里放至少一天。做他的干马提尼时必须在硬冰块上面放上安格斯特拉苦酒和法国苦艾酒，稍微倾斜一下然后倒掉。这时候才能加入杜松子酒和苦艾酒做成的冰块，稍微晃一下，马上撞到预冷的玻璃杯里。"就这样，没有比这更好的了。"

他在 40 年代的时候和两个朋友一起想出了一个开酒吧的法子，酒吧的名字叫"大炮射击"，价格要非常贵，成为世界上最贵的酒吧，提供最精美的饮料。正因为叫大炮射击，所以要在门前放一架老式大炮，如果客人账单超过 1000 美元，就放上引信和黑火药点燃大炮。这对住在周围的人来说是一个挑衅，却是一个成功的经济策略。布努埃尔自己也说这个项目"很有吸引力，就是不太民主"，希望每一个都能接受自己的想法。他说自己的喝酒习惯是一种细腻的仪式，不是为了达到绝对的醉酒状态，只要微醺就够了，这样就能达到安静的幸福感。禁酒令期间他在美国生活了几个月，这对他温和的享受喝酒的信条是一个艰苦的考验。他一辈子都没喝过这么多酒。

帕克夫人和恶性循环

　　法律规定禁止公开销售含酒精的饮料，但是在自己家里喝酒，或者出于自己消费的目的在酒店房间和套房里喝酒，在禁酒令颁布的前几年是允许的。在亚岗昆酒店一楼的圆桌上，坐着几个具有叛逆精神的知识分子，他们每天都聚在一起吃午饭，其中包括剧作家乔治·考夫曼和罗伯特·班克利。后者曾经说过："把我的湿衣服脱掉，给我一杯干马提尼！"另外还有诺埃尔·考德和多萝西·派克，他俩对马提尼的钟爱众所周知，也为世人提供了喝杜松子酒的另一个视角："我喜欢马提尼，最多喝两杯，三杯下肚我就到桌子底下去了，四杯酒之后就到主人脚底下去了。"

　　喝马提尼的时候需要有一套独特的数数方法，例如"1，2，3，门（Door），4，5，6，地板（Floor）"。喜剧演员和作家 W.C. 菲尔兹在自己最高产的那段时间里每天早餐前都要喝上两杯马提尼。格罗乔·马克思说，1933 年之后过了好几年，菲尔兹害怕再颁布禁酒令，所以在自己的阁楼上存了好几千美元的酒。后来菲尔兹的医生严格禁止他再喝酒，喜剧演员乔治·伯恩斯过来看他时，菲尔兹解释："嗯，乔治，我的老朋友，你听说了吧，我确实不能再（多）喝酒了[1]，但是我也不能少喝。"伯恩斯很明显也站在他这一边："我从来不慢跑，因为会把我的马提尼弄洒！"在一次采访中记者问他，

[1] 一语双关。

既然已经93岁高龄了，是不是感到自己老了？他抱怨说自己吐出的烟圈越来越小，而且很遗憾在喝马提尼的时候只能加一个橄榄，吃不了两个了。

皇帝加冕

这种富于启发性的饮料是18世纪的法国人发明的，当时为了增强白葡萄酒的口感加入了杜松子香精。19世纪末，英吉利海峡的另一端，英国人开始用最新进口的法国和意大利杜松子酒"苦艾酒"代替本国酒。法国和意大利杜松子酒很快就在敢于尝试的伦敦人中间流行开来。马提尼鸡尾酒被归为短饮，而短饮一般都有三种成分：基酒、改良剂和调味剂，其中基酒圣是主要组成部分，然后加入调和成分，最后为了加入一酒吧勺或者几滴其他香味品调味。20世纪初，马提尼的比例从1∶1变成了2∶1，一般都会添加调味剂，例如安格斯特拉苦酒、橘子苦酒、苦艾酒、黑樱桃酒和红石榴汁。禁酒令让很多配方都被遗忘了，包括这三种配料的比例。四五十年代的时候，马提尼太干了，掩盖了苦艾酒的味道。这段时间为马提尼发声的是汉弗莱·博加特身边的"鼠帮"成员，包括弗兰克·辛纳特拉、甸·马丁、小森美·戴维斯、祖伊·毕什和彼得·罗福特、大卫·尼文，还有雪莉·麦克雷恩和劳伦·白考尔两位女士。他们狂热地致力于做出越来越干，也就是越来越有效的马提尼。

在海明威的小说《越过河流去森林》里，"坎特威尔上校点了两杯很干的马提尼蒙哥马利，15：1，曾去过沙漠的服务员笑了笑消失在柜台后面。"伯纳德·劳·蒙哥马利爵士是"二战"期间在北非战场上英国第8集团军的总司令。当时有人告诉他，如果他想进攻埃尔温·隆美尔，那他的军队数量必须是敌人的15倍，所以才给酒起名蒙哥马利。海明威是威尼斯哈利酒吧的常客，这家酒吧的老板朱塞佩·希普利亚尼非常有名，他也是酒吧的创始人和意式薄切生肉、贝里尼这两款鸡尾酒的发明者。他从原来的同事哈利·麦克罗恩手里买下了巴黎著名的哈利哈利酒吧的冠名权。在威尼斯为了纪念海明威，以蒙哥马利酒为原型做了一种新的马提尼。对干马提尼的迷恋也可以从这里找到根源。

加不加橄榄

在希区柯克的电影《意外的第三者》中，加里·格兰特在火车餐车里点了一杯吉普森，而不是之前常喝的马提尼。这款酒是为了纪念著名的美国插画家和令人血脉贲张的吉布森女孩的发明者查尔斯·丹·吉布森。吉布森会定期跟朋友在纽约的球员俱乐部碰面。他偶尔想让自己保持清醒的头脑，这样就可以继续画他的封面画了，所以他就告诉调酒师查理·康诺利把他的马提尼换成冰水，然后放上两片珠葱做标记。在另一个故事里没有提到冰水，而亮片珠葱代表了早期男性杂志上封面女孩的魅力。球员俱乐部的一位常客曾经在都柏林点了一杯吉布森，因为那里的调酒师当时手头没有珠葱，所以就用了小洋萝卜，这样就产生了墨菲马提尼。调酒师的创造力好像是无限的，在黑白马提尼里放了一块黑白条纹的甘草糖果。奥斯特添加的是熏制的牡蛎，春季时光马提尼使用的装饰品是一块绿色的笋尖，鸡尾酒虾仁杯里飘着一只煮熟的虾。对纯粹主义者来说，马提尼只有杜松子酒和苦艾酒，饮料上面可以放点柠檬皮做装饰，不过不能用橄榄，因为橄榄里面有核。去核和填充或者镶嵌的橄榄虽然经过了加工，却破坏了原来的香味。这种坏习惯的极端做法是放一个在油里浸渍过、里面填充了一瓣大蒜的橄榄。看一眼大蒜马提尼就可以理解为什么 1934 年的《时尚先生》上会公开发出"应该把第一个在马提尼酒里放橄榄的人一枪打死！"

穿越英吉利海峡的酒

这款鸡尾酒最重要的成分是杜松子酒，它成功的原因是杜松子酒挥发出来的香气。这款酒迅速走红的同时，也带来了黑暗的深渊。

杜松子酒代表了烧酒里的丑小鸭蜕变成了白天鹅，或者摆脱了炉火的灰姑娘变成了贵族。

杜松子诞生于 16 世纪荷兰学者西尔维斯·德布夫之手。和他一起创造的还有荷兰最古老的莱顿大学教授，他们试验了最新的蒸馏技术。德布夫是第一个成功提高酒精浓度的人，同时运用最新的过滤技术提高了馏出物的纯度，当时的目的是给海员们寻找滋补剂。

早在中世纪瘟疫流行期间，就有人戴着填满杜松子果的面具保护自己，避免感染黑死病。德布夫也用杜松子果做药，把生命之水变成了荷兰版的杜松子之水。

1595 年，他把加入杜松子油的麦芽酒配方卖给卢卡斯·波尔斯。波尔斯在阿姆斯特丹郊区经营一家生意蒸蒸日上的酒厂，因为企业的建筑材料都是木头，所以不能放在市里，太危险。一开始他以新药的名义将配方商业化，名字是"杜松子香精"。

英格兰也从 17 世纪早起开始生产杜松子酒，作为治疗消化不良的药物和利尿剂。30 年战争期间，这种被大家称为"荷兰杜松子酒"的新饮料第一次被用作英属新教军队的滋补剂。战争中幸存的士兵回乡之后热情地告诉大家这种神奇的饮料，军队里都叫它"荷兰勇气"。

1688 年，荷兰的加尔文主义者奥兰治威廉（又称威廉三世）成为英国国王，他的妻子玛丽二世也是英国王位的继承人，他们统治期间英国与天主教法国的敌意进一步加深。这一时期颁布了著名的《权利法案》，诞生了欧洲第一个君主立宪制国家。双方的竞争很快就开始了，英国在全世界范围内对法国实行贸易禁运，其中涉及的是进口商品，如葡萄酒和白兰地。更重要的是，这些酒必须找到替代品，所以新成立的议会在君主的领导下为英国民众颁布了荷兰杜松子酒酿造通用许可证，而且在后来的立法过程中也进行了扩展和推广。

欧洲南部地区对教皇比较忠诚，这里酿造的荷兰杜松子酒在英国市场上占有一席之地，是皇室的官方饮料，喝这种酒被看作新教爱国主义的象征——英格兰现在喝的是英国酒！

适当的征税为与天主教徒之间的战争提供了资金，新兴行业让所有利益相关者的财富日增。不断增长的杜松子酒产量推动了粮食需求的上涨，农们可以为房屋和土地所有者支付更高的租金。因此，看起来一开始把荷兰杜松子酒引入英国成了一次巨大的成功，不过这只是一个假象，很快就原形毕露了。

废墟和暴动——"杜松子酒狂热"风潮

1694 年，奥格斯堡天主教联盟又发动了一次战争，这样国王就必须采取新的财政措施。新成立的英格兰银行可以发行高额战争贷款，主要的还款资金就是大幅提高啤酒税，这样啤酒的价格就比杜松子酒高了，不再适合大众群体饮用，同时促进了对农产品需求不太高的荷兰杜松子酒的生产。烧酒取代啤酒成了重要的基本食品。

这种高度酒的快速推广有一个明显的标志，就是 1700 年将酒的名字"荷兰杜松子酒"简化成"杜松子酒"，更加口语化。

1720 年英格兰颁布了另一项法案，推动了酒厂的建立，这项法案现在看起来非常奇特，这就是许可证持有人可以免除不在自己家里接待士兵的义务。希望以此限制士兵喝酒，而事实证明这项法令考虑得太不周全。虽然这些慢慢显现出来的问题影响了大众消费，越来越多的酿酒厂生产的杜松子酒却不可阻挡地充斥着整个市场。1720年开始出现了一种被史学界称为"杜松子酒狂热"的风潮。

这一时期伦敦城市人口激增。贫穷的农村人口来到繁荣的大都市，导致人口数量在20年的时间内翻了一番，达到70万人，使这个英国大都市成为世界上最大的城市之一，而城市的基础设施却跟不上如此快速的发展，富裕的城区不远处出现了贫民窟。

大街上每天都有越来越多的穷人想找些短工谋生，他们多少都会喝些酒。哈维爵士在1727年说："普通人的醉酒已经成为一个普遍的事态，整个伦敦从早到晚都喝得摇摇晃晃。"年人均销量达到了14加仑，大约是64.4升，而现在的平均消费量是4.5升。杜松子酒无处不在，例如，在圣吉尔斯每隔3栋房子就有一个杜松子酒吧，整个地区有超过6000家销售网点，还不包括大量的货摊和流动商贩，有的甚至推着独轮车卖酒。没有经过硬化的街道在英国常见的降雨之后变成了排泄污水和粪便的臭水沟，而且交通变得越来越繁忙，马车和牛车的动物排泄物也掺杂在里面。很多酒徒喝醉之后就躺在喧嚣的公路旁，他们因为吃得少却喝了太多酒，导致肝脏和心血管系统无法应对，最后死尸堆积如山。

这里变成了犯罪天堂，不过在堕落的伦敦街头想要赚点钱却并不容易，除了有可能失去钱包，甚至连小命都可能丢掉。

大众消费带动的杜松子酒的推广一开始看起来非常成功，现在却适得其反。女士也开始喝酒，所以很快就导致出生率降低，主要是酒精引起的早产和死胎。杜松子酒现在成了"让母亲堕落之酒"和"日内瓦夫人"。无产阶级的劳动精神随着饮酒量越来越大日益萎靡，威胁到所有的工业部门和伦敦码头。

越来越多来自司法部门、教堂和经济部门的声音要求采取措施改变这种状态，道德诉求和经济利益的界限变得模糊起来。

与此相对的是势力越来越强大的杜松子酒利益团体，包括大酒厂厂长、为酒厂提供粮食的农场主和议会里的地主，放任不管能让他们获取巨大的收益。

这是利益冲突的开始，导致1729年政府第一次颁布了八部所谓的《杜松子酒法案》，对其课以重税，并引入专门的生产许可证。这些变化只涉及杜松子酒，不影响白兰地、波特酒和葡萄酒，这些都是上层社会喜欢喝的。

不过这些犹豫不决的措施并没有改变持续增长的杜松子酒消费，所以被迫于1733年颁布了另一部《杜松子酒法案》，禁止任何形式的街头和商店销售，而且必须在容易控制的酒馆喝酒。不过这项法案也没有达到目的，只是出现了大量新成立的酒馆，遍布伦敦各个角落。

1734年，单身妈妈朱迪丝·达福一案引起了巨大反响，对所有人，包括最圆滑世故的人都有极大触动。她把孩子从孤儿院接出来一起出去玩，出门前孩子换上了精美的新衣服。不过妈妈没有带着孩子到公园里去，而是把孩子残忍地掐死了，然后脱掉她的夹克、衬衣和裤子换了很多杜松子酒。她喝醉酒之后向自己的同事倾诉了自己所犯的罪行，希望能得到解脱，幸亏这位同事还算清醒，叫来了警察。艺术家威廉·霍加斯受到启发，画出了著名的《金酒街》。画的中心是一位母亲，她为了喝酒把正在吃奶的孩子从胸前移开；不道德的商人拿走了贫困的酒徒口袋里的最后一分钱；醉汉在大街上公开拉屎，他的背后有一个绝望的人上吊自杀了。令人吃惊的是这幅画现在挂在很多酒吧和有些家庭的客厅里，以此见证那段所谓的美好旧时光。作家的目的是希望制定更加严厉的法案控制杜松子酒消费，也确实对 1736 年颁布的另一项《杜松子酒法案》的颁布起到了推动作用，这项法案大幅提高了酒税，加紧了对酿造许可证的控制，并采取了更严厉的惩罚措施。

法案的执行主要依靠线人，他们的酬劳从支付的罚款中抽取，不过大多数犯罪嫌疑人缺乏支付能力，所以这个线报部门的财政很快就出现巨大的赤字。另一项也不太容易实行的措施就是鼓励公民，称每个人都有义务举报附近的酿酒厂。

新措施表面上涉及的只有贸易商和生产商，在难以控制的贫民窟里很难执行这项法案。线人在这里根本找不到值得报告的东西，有时候只要被怀疑，所谓的嫌疑人就会被粗暴地关进去。上层的冒进得到的回答是骚乱，史称"杜松子酒暴动"。

几年之前，伦敦的弱势群体还将喝杜松子酒作为最高爱国主义的表现，现在非常不情愿放弃这种原来国家认定的合法消费。他们喝酒的目的是忘记自己在固定阶级分化中所处的贫困地位，而且他们根本没有提升的机会。绝望带给他们战斗的勇气，因此爆发了与上层的街头血战。约瑟夫·杰基尔博士是杜松子酒禁酒令的最重要倡导者之一，最终被谋杀。民众的不满最终导致冲击威斯敏斯特大厅，大厅差点被付之一炬。杜松子酒生意逐渐变成了非法贸易，质量下降，最终受害的是民众健康和国民经济。刑事犯罪率大幅提升，几乎每天都有杜松子酒的反对者或者线人被暴徒杀害。

王国很明显无法在国内施行自己的法令了，为了削弱越来越难控制的非法市场，政府在接下来的《杜松子酒法案》里撤销了一部分苛刻的贸易和生产条件，而与奥地利爆发的新战争需要稳定的税收收入，所以在1751年再次收紧法令。

从战场回来的士兵们无法找到工作，就组成了无法无天的帮派，犯罪率再次上升。杜松子酒的税率比17世纪末引入时高了12倍。杜松子酒的生产几乎都处在政府监管之下，引入了较高的质量标准。随着工业革命的开始，经济出现了大幅上升，除了工人阶级之外，出现了数量相对较少的中产阶级，他们喜欢让自己的生活更高效、更经济。这些人所处的圈子里的道德观得到教会的支持，过度饮用杜松子酒的后果受到强烈谴责。政治启蒙运动推动了改革，为普通民众提供了更好的教育和上升机会。另外，连续几年的歉收导致酒厂原料不足。所有的这些情况最终在18世纪末平息了"杜松子酒狂热"风潮。杜松子酒历史上的最低潮过去了，它慢慢从最初的下层民众的毒药变成了现在的奢侈品。

由于缺乏成熟的精馏工艺，所以杜松子酒喝起来非常烈。为了中和一下烈度，有人开始往里加糖。这种加糖杜松子酒被称为"老汤姆杜松子酒"，蒸馏设备被称为"老汤姆猫"，它们里面有一根细管，从小酒馆出来，穿过一个木头的猫头通到外面。猫的眼睛有裂缝，如果往里面扔上几便士，里面的管理员就会通过机器给马路上着急的酒鬼送上一小口杜松子酒。

鸡尾酒时代的先驱

　　饮料市场上的一些创新产品奠定了鸡尾酒文化的开端。人们发明了在水里人工加入碳离子和富华矿物质及碳酸的方法。珠宝商和业余化学家约翰·雅各布·施维普在 1767 年发明了汤力水，他在 1790 年搬到了伦敦，建立了一家生产汤力水的企业，生意非常红火。他在印度汤力水里面加入奎宁，然后将这种苦涩的抗疟药放到可口的柠檬水里。1831 年，这款仙药进入了维多利亚的皇宫，并得到高度赞扬，皇室将它推荐给受疟疾困扰的全世界英国殖民统治者。最终，酒里加入了茴香和杜松子香精之后口味才变得完美，在维多利亚时代用它来做阿司匹林。喝酒时的祝酒词是"每天一杯杜松子汤力水可以让您远离疟疾"。它让殖民者在温度超过 45 度、湿度达到 98% 的印度可以生活得相对轻松些。

　　早在 1851 年之前就有人申请了制冰机专利，弗里德里克·都铎在 1800 年左右就为美国的餐饮业提供冰块。冰块长年在寒冷地区生产，新的保温技术可以保证冰块在运输过程中基本不受损，可以直达加勒比地区，然后保存在特殊仓库里。

1806 年出现了第一批关于鸡尾酒的书面定义。它的功能是提神、增强心肌功能，而且对于民主党议员来说功用无穷："谁要能喝下一杯鸡尾酒，那就能喝下其他一切酒。"

从热带到杜松子酒——芳香苦味剂

制作鸡尾酒除了要混合高度酒、水和糖之外，最重要的是添加苦味剂。它原来是做药物的，大约48%的植物萃取物可以用来治疗胃疼、发烧、痛风和热带病，安哥斯特拉芳香苦味剂是最著名的苦味剂之一。

1820 年，德国医生约翰·戈特利布·本杰明·西格特开始在委内瑞拉的安哥斯特拉研究将热带植物用于医药，他之前参加了西蒙·玻利瓦尔领导的反抗西班牙统治的南美解放战争。后来他离开了军队，建立了一家城市药房和一家民用医院。另外他还开了一家诊所，专门治疗欧洲病人。安哥斯特拉当时受到疟疾、天花和黄热病侵袭，城市里都是黏土房和砖房，挤在灌木丛和泥泞的奥里诺科河的河岸之间。亚历山大·冯·洪堡和法国植物学家艾美·古维·波波兰早在1800 年夏天就在这里待过一个月，两个人都发烧了，而且都用安哥斯特拉树皮"可溶于酒精的提取物和水溶性汤剂"治好了。24 年之后，德国医生经过 4 年的研究制出了名为"西格特博士芳香苦味剂"的滋补剂，后来更名为"安哥斯特拉芳香苦味剂"。这是一种 48 度的烧酒，可以用来治疗热带病。1850 年，他开始向特立尼达和英联邦出口。

参加完南美解放战争的士兵，当然也包括海员，让西格特的药很快就传遍全世界。1858年他放弃了医生的职业，建立起"西格特和他的儿子们"（JGB SIEGERT & SONS）公司。由于父亲去世，加上西蒙·玻利瓦尔辞任总统后导致的委内瑞拉政局不稳，他的儿子们将公司搬到了特立尼达的西班牙港，公司至今还在生产品质优良的安哥斯特拉芳香苦味剂朗姆酒。酒的配方就像可口可乐一样，是饮料生产行业保护的最严密的配方之一。除了其他的保密草药和香料之外，还包含芫荽、龙胆、姜、波美拉皮、肉桂、高良姜和当归、角豆、葡萄干和豆蔻的提取物。安哥斯特拉树皮应该不包含在内，不过其他的苦味剂会用。

杜松子酒在军界享有很高的威望，有一件逸事讲的是关于滑铁卢战役中从马上摔下来受重伤的布吕赫纳将军，他是惠灵顿将军的友军。他说自己之所以能神速恢复健康，完全归功于使用杜松子酒–洋葱按摩的医生处方。1816年，普利茅斯出产的同名杜松子酒成为英国军官的补给之一。

安哥斯特拉苦味剂的医疗价值很快就被英国海军发现并广为应用。当然它不仅叫苦味剂，尝起来也很苦。英国军官就把它跟杜松子酒混合到一起，起名叫"苦味杜松子酒"，是这个时代最受欢迎的饮料之一。随着时间的推移，酒的医疗价值退居其次，安哥斯特拉芳香苦味剂成了最重要的鸡尾酒辅料之一。

万物生辉——杜松子皇宫酒吧

在农村和平民生活中，杜松子酒同样经历了一场"文艺复兴"，让它更具魅力。18世纪20年代，英国的大城市出现了一种新的餐厅，它跟"杜松子酒狂热"风潮时期的酒吧不一样，当时人们根本不管什么情调和装饰，只要能以最便宜的价格喝醉就可以，它的名字叫"杜松子皇宫"。

酒吧的名字本身就说明了一些问题，资金主要是大酒厂提供的，店主为客人精心装饰了长毛绒、黄铜、豪华家具、镜子、彩色窗户和时尚的煤气灯等。查尔斯·狄更斯在自己的《博兹札记》中对此赞不绝口："闪闪发光的誓言，明亮的预言，而外面充斥着污秽和黑暗。"这些酒吧自称为"国王之首、阿尔弗雷德王子或皇家爱乐饮酒厅"，有一些至今仍在营业的酒吧已经成了文物保护单位。这些餐饮设施不仅有完全不同的外观，其工作人员也与同时期的酒吧店主不同，因为他们看重礼貌形式和广泛的专业知识。除了这里能提供美食和饮料，还开了大酒店。

当时已经有一些商务旅行人士，而且数量快速上升，除此之外还出现了另一类客户，那就是外出享受生活的游客。这种发展不仅仅局限于欧洲，还包括大西洋彼岸和英联邦国家。

来自五湖四海

1831年，埃尼亚斯·科夫雷发明的连续蒸馏装置引入英国。

从此以后可以不分昼夜地持续生产品质稳定的纯酒精，此时产生了当今仍占据重要地位的酒厂，如哥顿、将军、芬斯伯和布多斯，这些都是伦敦的杜松子干酒生产商。

它比老汤姆杜松子甜酒要干得多，之所以能有如此复杂的口味特征，是因为加入了杜松子和其他调味剂。添加方式可以是浸渍法，将香料直接加到麦芽浆里，或者可以引导蒸馏过程中产生的酒精蒸气通过篮子和筛子，同时将香料混合进去。从这一时期开始，杜松子酒酿造者的芳香化技术已经日臻完美。殖民地从全世界最偏远的地区送来了植物添加剂，而原来的主要添加物附送子已经让位给了其他香料。除了橙子和其他柑橘类水果的果皮之外，还有香菜、天堂椒、豆蔻、姜、黑加仑、茴芹、薰衣草、茶、甘草、玫瑰、茴香和接骨木。超过100种的精细配料让现在的杜松子酒获得了微妙的口味，一般来说每种杜松子酒会使用10—20种不同的香料。

酒吧和美国梦

与英国的发展同时，原来以农业为主的美国终于发生了变化。矿产资源，如金子和石油得以开采，铁路建设带动了辽阔国土的开发，工业化快速发展，这一切都让美国经济迅速发展。每个人不管出身如何，只要自己努力，再加上点运气和经济技巧，就可以获得上升空间。美国梦吸引了社会结构僵化的欧洲人。

北美迎来了巨大的转变，小定居点在短短几十年内扩展成大城市，城市建筑越来越高，直入云霄，产生了很多壮观的娱乐场所和豪华酒店，内部的豪华装饰让旧世界的同行相形见绌。

尤其是在美国，除了茶室、餐厅和壁炉之外，高档房屋里越来越多人装潢了美式酒吧，柜台后面产生了一个全新的职业：调酒师。他的工作不光是倒啤酒和红酒，还可以制作混合饮料，例如潘趣酒、司令、珊格瑞、考比勒等等。喜欢喝酒的人和酒吧老板创造出很多混合饮料。过去喝酒的方式是将便宜的酒做得能喝就可以，而现在的酒吧提供的是全新的口感体验，其中最著名的代表就是被称作"教授"的杰里·托马斯。他创造了无数饮料，而且在1867年出版了自己的专著《如何调制鸡尾酒》，这是最早的酒吧书籍之一。

他的蓝色火焰鸡尾酒开启了吧台表演的先河，在表演过程中，教授将燃烧的酒精从两个容器里倒出来，形成越来越大的火焰。有些学艺不精的模仿者甚至给客人造成三级烧伤或者将酒吧付之一炬。他的书有很多版本，但早就已经销售一空了，今年被发现之后重新出版，从此成为所有追溯鸡尾酒根源的人必备的基本知识手册。

1868年，在伦敦股票交易所旁边开了欧洲第一家美国酒吧。1889年巴黎世博会的美国展馆的酒吧让鸡尾酒在世界舞台上一炮打响，很多人认为这是美国人对烹饪界所做的唯一值得一提的贡献。

20世纪初，杜松子酒成了高档酒，这是一项巨大的进步，是在"杜松子酒狂热"风潮时期是无法想象的事情。它成了英国生活方式的象征。很多运动员，如备受欢迎的高尔夫球手威斯特摩兰爵士，如果俱乐部的小酒馆里没法提供他最喜欢的布多斯杜松子酒，那他就拒绝比赛。同样，赛车手布莱恩·刘易斯说："没有杜松子酒的派对就像没有轮子的汽车。"冬季项目运动员伯恩斯伯爵每次出发前都会喝上一杯香气扑鼻的杜松子酒。

现在的每一间高档公寓里都有自己的酒吧，艺术设计师德科设计了鸡尾酒调酒器、扁酒瓶、酒杯和配饰，如马提尼酒杯形状的袖口和领带针，著名的珠宝商如蒂芙尼和卡地亚也有类似的产品。这些艺术品现在都变成了收藏品，价格昂贵，或者已经放到艺术博物馆的陈列柜里。其中有一个银框鸡尾酒调酒器，散发着红色的光芒，做成了女人腿的形状，已经成了一种图腾。其他的艺术家设计了望远镜、灯塔、企鹅、飞机、坦克、手枪子弹和手榴弹形状的调酒杯。添加利马上把他的杜松子酒放到一个类似调酒器的瓶子里。不管什么正式场合，无论是私人的还是官方的，没有杜松子酒调制的鸡尾酒根本无法想象。它成为精致的现代生活方式的表现形式。

即使是保守的英国王室也没有摆脱这种时尚的影响，在温莎城堡的蓝色沙龙上，王室定期举行开胃酒派对。室内的墙壁上挂着一个羚羊头标本，这是非洲属国送给乔治五世的礼物。如果拉一下羚羊的角，羊嘴就会打开，里面伸出一根银管，会流出新鲜的杜松子 – 杜本内鸡尾酒。

伊丽莎白·鲍斯 – 莱昂夫人是羞涩的国王乔治六世忠实

而强悍的妻子，她任用不墨守成规的语言治疗师莱昂内尔·洛格治好了国王的结巴。丈夫去世之后，她的女儿伊丽莎白加冕成为英国女王，作为女王母亲，她成为王室最受欢迎的成员。据说她喝了几十年杜松子汤力水，成为喜欢喝酒的英国人的第一位使节，也是英国国饮优雅和高级的最鲜活的例子。她101岁去世，葬礼上有一对来自英国联合杜松子酒厂的商业代表团。

喝酒与政治

杜松子酒的成功在大西洋的另一边同样势不可当。富兰克林·德拉诺·罗斯福总统非常受爱戴，一方面是因为他施行的社会改革新政和他热情开放的性格，另一方面主要还是他在1933年取消了禁酒令，而且他自己第一个做了一杯合法的马提尼。罗斯福的一位政治伙伴在面临戒酒会成员对取消禁酒令的指责时回答道："如果上帝真的不希望有人喝马提尼，那在圣地就不会有那么多橄榄树了！"罗斯福的调酒技术非常高超，他在白宫的工作室非常简单却不失时尚，里面放了各种尺寸的酒瓶和酒杯，盘子里放满坚果和橄榄，桌子上有一个冰桶和一个托盘，上面有柠檬和一个榨汁机，另外还有一小碗红糖、两种苦味剂和一个漂亮的银质调酒器。诺埃尔·考沃德[1]说总统先生能非常灵巧地操作所有这些东西。罗斯福在

---

[1] 英国编剧、演员。

位期间曾经多次为多国元首调制鸡尾酒，例如 1943 年同盟国在举行德黑兰会议期间为约瑟夫·斯大林和温斯顿·丘吉尔，或者在签订《波茨坦公告》时。罗斯福自己很喜欢喝传统的或者干马提尼，这种酒除杜松子酒和苦艾酒之外还加了一勺橄榄油。他的一位战时盟友也跟马提尼酒密不可分，人们用他的名字命名了最干的马提尼，也就是著名的"丘吉尔马提尼"，它又被称作"裸马提尼"或"V 马提尼"，其中一半是酒，另一半是调酒师的表演。调酒师会先把杜松子酒倒进装满冰块的调酒杯里，然后搅动，让杜松子酒变凉，在调酒师用无名指和中指做出一个代表着胜利的"V"并朝着法国的方向鞠躬之前，只会看到在酒杯上晃动的诺利帕特甜味美思酒瓶的阴影，除此以外不需要添加任何东西。

> "我的生活献给了一种仪式，其中包括抽雪茄
> 和喝酒，不管是吃早饭、午饭还是晚饭的时候，
> 还是在吃饭的间歇。"
> ——丘吉尔在访问沙特阿拉伯期间

　　英国首相早在稚气未脱的时候就开始喝酒了，鸡尾酒是丘吉尔家族菜单中的固定组成部分，也不会发生改变。首相个人是不喜欢喝茶的人，周围的人也都必须喝酒，否则就会对他产生根本的不信任。有几件著名的逸事说的是丘吉尔和他不喜欢的继女，议员阿斯特夫人之间的唇枪舌剑。阿斯特夫人说："如果您是我的丈夫，我就会在您的酒里下毒！"

丘吉尔回答道："如果我是您的丈夫，我也会把酒喝下去！"首相的酒量非常大，他在和阿斯特夫人吵架之前经常喝上几杯马提尼，这样可以让自己的舌头更灵活。首相夫人会批评喝醉酒的丘吉尔："你喝醉了！"而他却回答："你太丑了，而我明天一早就能清醒过来！"

丘吉尔的几本传记中都写道，即使在"二战"期间，他在召开总参谋部会议的时候经常也会喝上几十杯马提尼。

敢想敢干

1942 ／ 1943 年冬天，德国军队向东方前线推进的步伐终于被阻止了，英国军队准备展开一次进攻。德国军队控制了英吉利海峡大陆一侧所有的港口，盟军的进攻只能从海上展开。不过，没有港口如何能让成千上万的士兵和昂贵的军备登陆呢？温斯顿·丘吉尔极力主张在希特勒无论如何都想不到的地方登陆——也就是诺曼底海水浴场的浅滩。他告诉目瞪口呆的后勤部长，"嗯，如果我们没有港口，那就必须自己带一个。请您给我最好的建议，而不是告诉我这样行不通。"最终的结果就是采取了"霸王行动"，盟军虽然损失惨重，最终却成功地实施了"诺曼底登陆"。当时采取的某些准备措施现在看起来非常独特。

一队英国特遣队身着德军制服穿过诺曼底的小酒馆，他们给能在地图上标出德军位置的法国人送上巧克力。

实施登陆的那一天，飞机投放了数吨银丝条，它们可以迷惑德军的回声探测器，让德军以为另一个地方的大规模军事行动才是真正的登陆地区。出于同样目的，盟军用卡纸做成登陆艇任由德方侦察机拍照，虚拟出第四支英国军队，包括无线电通讯和加密邮件，声称英国人会取道挪威发动进攻。于是，从纳粹手里解放欧洲的战争开始了。

一个人到底要醉到什么程度，才能忽视事实本来的面目，这一点我们不做评论。不过我们至少可以确定"霸王行动"本来就是喝醉酒之后想出来的主意。战争时期虽然丘吉尔和罗斯福的"马提尼外交"到处都散发着雪茄烟味，却要比海因里希·希姆莱和阿道夫·希特勒歇斯底里的禁欲主义高明得多。

黑色系列的清澈饮料

> "一杯马提尼，干的。
> 非常，非常，非常干。"
> "好吧。您要用勺子，
> 还是刀子或者叉子吃？"
> "请将它切成条。
> 我就想咬着玩。"
>
> ——雷蒙·钱德勒

"二战"不仅改变了欧洲的面貌，还在回乡士兵的内心留下了深刻的印记。恐惧和惊讶并没有随着纳粹的投降而消失，而是反映在黑色电影深深的悲观情绪中。电影的剧场就是富于表现力的黑暗的城市丛林，失望的居民表现出了高度的机敏和性暗示的火花。他们抽链子香烟，三口喝下一杯马提尼。善与恶的界限消失了，虽然最后恶被揭露出来，但善的胜利和幸存令人怀疑。雷蒙·钱德勒是这一流派最重要的作家之一，他经常自己创作，有时候也和自己创造的沉默寡言的小说人物菲利普·马洛一起创作，不过主要的伙伴却是另一种杜松子酒：吉姆雷特。

在 20 世纪 60 年代蓬勃向上的乐观主义精神影响下，马提尼的形象主要体现在银幕上，这种状态一直持续到 70 年代，威廉·格兰姆斯[1]曾说马提尼是"资本主义鸡尾酒，是贫穷的美国商务阶层的官方用酒，是推动华尔街和麦迪逊大道商业发展的高纯度汽油。这时候巴黎水的时代开始了，其标志就是柠檬片。"对于我们尊贵的饮料来说是一段黑暗的时光。60 年代和 70 年代初期是西方社会的解放时期，摆脱父辈和祖辈的墨守成规。年轻的学者走上街头抗议社会上层，摇滚音乐会上没有马提尼的一席之地，大家都喝啤酒或红酒，抽大麻，服用迷幻药，吸毒，无所不好，鸡尾酒也是过时和无聊的。唯一的例外就是历经数十年考验的特工电影《007》，詹姆斯·邦德。威廉·格兰姆斯说邦德是"第一个横跨大西洋的男人，他的特点是先进的技术、炫目的装备和流利的外语"。这位皇家特工手持马提尼，看起来非常时尚，有点像个美国人。作家伊恩·弗莱明每天都能喝掉一瓶伏特加，他在 1953 年的

---

① 20 世纪《纽约时报》的餐馆评论家。

第一部邦德小说《皇家赌场》里让他的英雄点了一杯摇晃马提尼，本来摇晃不是一种正确的混合技术。首先是根本不需要，因为各种成分本来可以搅拌好；其次，饮料经过晃动之后会变浑浊，而酒本来就应该是清澈的；另外，冰块在摇晃的时候会碎，这样就会稀释饮料；最后一个更直观的原因是，螺旋式搅拌可以让饮料呼吸新鲜空气，有利于香味的散发。除了对摇晃提出的要求之外，伊恩·弗莱明还提供了一个值得推荐的配方，其中包括三份杜松子酒，一份伏特加和一份维斯帕，而詹姆斯·邦德之所以给酒起名"维斯帕"是为了纪念双重间谍维斯帕·林德。在林德自杀之后，浪漫的詹姆斯·邦德再没有喝过马提尼。可惜银幕上的邦德至少在每一集里都喝了一次马提尼，而且是"摇匀的，不要搅匀的"。真是一个顽固的家伙。不过，特工007代表了等级、品位、才智和男人味。这款使用非常规方式摇晃的饮料帮助马提尼神话一直延续到80年代。

马提尼城的宇宙阴阳

20世纪90年代的酒吧迎来了回归。雅皮士①喜欢点昂贵的饮料，所以他们最喜欢喝热带鸡尾酒，而且要淡。又开始有人喝马提尼了。年轻的男女在整晚上都把鸡尾酒上装饰用的果皮拿在手里，根本不关心酒是什么做的，只是

上帝的礼物：关于酒的故事

① 尤指肆意挥霍、赶时髦的年轻人。

166

偶尔喝上一小口，就是为了要马提尼的酒杯。酒成了附属品，很明显这种混合酒太烈了。为了迎合喜欢喝淡酒的年轻人，饮料里面开始加入工业果汁，早在80年代就流行过一阵草莓风，现在变成了西番莲果汁，90年代中期酒吧里最流行的是蔓越莓。用蔓越莓稀释的鸡尾酒是伏特加酸鸡尾酒的一种变形，叫作"神风特攻队"。马提尼酒杯里充满了散发着紫色光芒的内容，它的名字很有时代感，叫作"大都会鸡尾酒"。电视连续剧《欲望都市》让这款饮料风靡全球，在大都市里寻找真爱的时候它就是燃料。不计其数的新发明给马提尼文化带来了一个新的高潮，不过大部分新马提尼并不包括杜松子酒或苦艾酒，只有马提尼酒杯一如既往地保持了下来。随着大家重新习惯喝马提尼，人们可以安静地享受原始的冷油，不会有人问杯子里到底是什么。从西方文化的视角来看，马提尼不管是神话、象征，还是简单的饮料，最主要的是它的高雅。最后引用诺埃尔·考沃德在阿尔冈昆酒店圆桌上说的话："马提尼是酒杯中的文明！"

第六期
龙舌兰酒

★ ★ ★ ★

Sechstes Semester:
Der Tequila

"这个婊子养的在哪里？"渔民埃尔莫乔拔出手枪，血红的双眼在卡萨布兰卡酒店昏暗的流浪汉酒吧里四处搜寻。乐队四散逃跑，音乐家们拿起自己的乐器躲到幕布后面。

　　他朝着天花板开了一枪，身穿五颜六色鸡尾酒礼服的女士们花容失色，尖叫着逃到墨西哥温暖的夜色里。服务员端着装满玛格丽特鸡尾酒的托盘吓得一动不敢动。埃尔莫乔又开了一枪，最终找到了他想找的那个外国人泰迪·斯托弗，40年代的阿卡普尔科人都叫他"泰迪先生"。墨西哥人给手枪上膛，瞄准对方开了一枪。"摇滚之王"运气不错，龙舌兰酒让墨西哥人眼也花手也抖，没有打中。

　　一共开了5枪，只有一发子弹擦肩而过，后来墨西哥人就被制服了。埃尔莫乔前一天晚上酒喝醉酒闹事，把酒瓶、酒杯和桌子都弄坏了，后来斯托弗证明他是酒吧的经理，现在他要为受伤的自尊心复仇。当地的警察局长备受争议，不过很有权势，他公开拥抱了斯托弗是为了避免莫乔的族人继续伤害他。

人猿泰山、龙舌兰和摇滚

瑞士摇滚音乐家1944年起就住在这个小渔村里，对美国人来说他已经成了阿卡普尔科先生。他给墨西哥的海滩带来了弗兰克·辛纳屈和加里·库珀，当然还有自己的妻子海蒂·拉玛，后来约翰·韦恩也来了。索查龙舌兰酒博物馆的馆藏里有一件非常令人骄傲的展品，就是这位勇士的一封信："您的产品已经成为我家庭的必需品，就像水和空气一样重要。"

《上海小姐》在阿卡普尔科拍摄期间，编剧泰迪·斯托弗将丽塔·海沃思的丈夫奥森·威尔斯骗到了巴黎，她是当时世界上最受欢迎的女人。

泰迪·斯托弗在70年代给城市捐赠了一家美式迪厅，并给它取名"龙舌兰Go-Go"。直到去世之前，他都住在豪华酒店薇拉别墅的一个塔楼里，可以俯瞰整个海湾，塔楼安装了吊桥。

另一个热点地方是荣耀广场酒店，这里是埃罗尔·弗林难以忘怀的地方。他第一次离婚之后，因为需要支付赡养费背了一屁股债，为了还债他不得不为赫拉多拉龙舌兰酒厂代言海报和广播广告。不过这样做应该也不是很为难，因为他也是这个著名品牌的热心拥趸。

赫拉多酒厂响应企业家菲尔·哈里斯和音乐家哈里·里利斯·克劳斯贝的号召，早在40年代就开始大规模出口到美国，两个人不仅出于经济利益，也是为了内心的希冀。酒瓶标签上的马蹄铁令人想起公司的创始人费利西亚诺·罗莫，他觉得这样一块熠熠生辉的金属对于公司的成立来说非常吉利，预示了命运的安排。1953—1994 年，他的妻子领导着这家传统企业。加布里艾拉·罗莫做得非常成功，而且热衷于公益事业。她去世后安葬在家族至今仍居住的传统庄园里，这里也得到当地人极大的尊重。庄园里收集了家族的很多书籍，一共有 2.5 万册，是拉丁美洲最大的私人图书馆之一。罗莫家族在龙舌兰王朝里始终扮演着独一无二的角色，因为他们经常会与供应商的意见相左，为了维护传统不惜牺牲短期市场利益。企业生产的龙舌兰只能从自己的土地上种植，这也是企业独立性的体现。

鲤跃龙门

龙舌兰酒是这片著名的海滨度假胜地的高级饮料，也已成为墨西哥经济的最大出口支柱。最早的一批出口是 20 世纪初索查公司的龙舌兰酒，主要组织者也是来自美国新墨西哥州、德克萨斯州和加利福尼亚州的墨西哥移民，禁酒令也给这款饮料带来了第一次繁荣。只要有车的美国人都会驱车赶往提华纳，那里紧挨着国界的另一侧，已经发展成为著名的娱乐胜地，除了年轻的女孩，还有龙舌兰和梅斯卡尔①，为了不让美国人弄混，所以这些酒的标签上都写着墨西哥威士忌。

好莱坞的影迷们非常喜欢阿卡普尔科，这个几年前还很

---

① 是所有以龙舌兰草芯为原料制造出的蒸馏酒之总称，龙舌兰是其中一种。

安静的小渔村一跃成为时尚的海边度假胜地。游客里有五枚奥运游泳金牌获得者和《人猿泰山》的扮演者约翰尼·魏斯米勒，这里有岩石耸立的梦幻海滩，也有墨西哥国饮龙舌兰，所有这一切都让他恋恋不舍，最终他决定定居在此。魏斯米勒演艺生涯晚期酗酒严重，被送往疗养院之后不久就被院方赶走了，因为他模仿人猿泰山一直不停地喊叫，让疗养院不胜其烦。最后，穷困潦倒的好莱坞巨星也被埋葬于此。他的墓碑上写着：约翰尼·魏斯米勒，人猿泰山。

猫王也来过墨西哥，录制电影《鲤跃龙门》的主题曲，他搭档的是乌苏拉·安德洛斯。她在喝玛格丽特鸡尾酒的时候，他唱了一首《她的名字叫玛格丽特》，这款酒的特征是杯子的边缘上有盐。

玛格丽特和送奶工

玛格丽特是用龙舌兰酒、橙子利口酒和柠檬汁做成的新鲜饮料，是 50 年代度假时的首选饮料，对龙舌兰酒在国际上的声誉做出了巨大的贡献。

玛格丽特的发明要感谢一位名叫弗朗西斯科·潘乔·莫拉莱斯的调酒师。在他的遗物里发现了一本书，是"龙舌兰酒规范委员会"出版的。他之所以给酒取名玛格丽特是为了纪念舞蹈演员玛格丽特·德·罗莎斯，当然也是为了俘获美人心，很可惜最后没有成功。虽然她很喜欢这款饮料，不过她的追求不仅仅是一杯饮料。这位调酒师不够富有，而且看起来也不会成为有钱人，所以她没有答应。如果弗朗西斯科·潘乔·莫拉莱斯能申请专利，那他现在一定会非常富有。只是命运有它自己的安排。他的儿子加布里埃尔·莫拉莱斯说自己的父亲从来没有吹嘘过自己的灵感，而且也不喜欢自己的饮料，后来他移民到了美国，做了 25 年的送奶工。

丽兹·泰勒和理查德·伯顿在拍摄完《巫山风雨夜》之后就在巴亚达尔港买了一栋房子。理查德·伯顿有个习惯，晚上喝多了龙舌兰酒之后会赤身裸体在自家房前的沙滩上诵读莎士比亚的作品。水手把船停泊在海湾里，月光照亮了伯顿的身躯，麦克白的哀歌在沙滩上回荡。

除了美国的银幕英雄之外，阿卡普尔科也孕育了墨西哥电影业，墨西哥电影尤其擅长以各种形式演绎独立战争和革命。围成一圈的龙舌兰酒瓶点燃了银幕战士的斗志，他们英勇无畏地将农奴从暴君手中解救出来。影院银幕上的龙舌兰广告跟墨西哥人的英勇气概和革命的神话传说密不可分。

潘丘·维拉——一位墨西哥英雄

许多史诗故事都受到多罗特奥·阿朗戈的冒险经历启发，他就是大名鼎鼎的"潘丘·维拉"，现在他是教科书里的民族英雄。他的名字后来也变成了龙舌兰品牌，甚至连他骑的公马希特·勒嘉斯也以这种形式永垂青史。

他出身于一个小资产阶级家庭，后来和埃米利亚诺·萨帕塔和阿尔瓦罗·奥布里贡一起成为起义者社会革命派的杰出代表之一。他16岁的时候开枪打死了牧场主的儿子——他的家人在牧场工作了很多年，因为他的姐姐被强奸了。而这样的暴行经常笼罩在社会下层人民的身上。而他的这一举动很有可能掺杂着维拉的恋母情结，因为他自己就是"初夜权"的产物，当时的主人出资赞助仆人的婚礼，同时也夺走了新娘的初夜。维拉必须面对自己身份的尴尬，他的第一份工作就是采矿，后来到了墨西哥和美国边界地区成为偷盗牲畜的贼，而官方传记里将这段历史描述成了"肉类贸易活动"。

当时统治墨西哥的是独裁者波尔菲里奥·迪亚兹，他的政府腐败透顶，主要代表的是大地主和大财团的利益，他们控制着墨西哥的铁路、矿山和油田。政府的口号是"秩序与进步"。到1900年的时候，国家97%的土地掌握在1%的人手里。墨西哥土著和梅斯蒂索人[①]被视为二等公民，例如不允许他们走人行道。后来的民族英雄维拉将自己的业务扩大到了抢劫银行，当时的人命如草芥。

他将自己洗劫来的赃物分发给贫农，所以他们把他当作墨西哥的罗宾汉。随着革命队伍越来越壮大，维拉开始跟革命党接触。1910年11月20日星期天18时整，出身于酿酒世家的自由主义者弗朗西斯科·伊格纳西奥·马德罗向德克萨斯的流亡者发出了革命的呼喊。革命队伍吸引了大量民众，在与政府的战斗中，许多士兵纷纷倒戈，最终迫使波尔菲里奥·迪亚兹流亡法国。

上帝的礼物·关于酒的故事

① 指的是欧洲人与美洲原住民祖先混血而成的拉丁民族。

成功来得太容易了，革命队伍开始懈怠。潘丘·维拉因为缺乏教育基础，所以很难承担起统治的重任，所以他成了温和政府打击政治对手的工具，最后被判处死刑。后来他的养父马德罗当选总统，赦免他的死刑，改判终身监禁。1912年圣诞夜，囚室窗外的歌声响起的时候，维拉用一把偷运进来的锉刀锯断了窗棂逃到了德克萨斯的埃尔帕索。他的养父失去了对军队的控制，自己也被杀死了，波托菲里奥·迪亚兹的儿子费利克斯·迪亚斯很快就掌握了大权。

《日落黄沙》——战争与电影

潘丘·维拉回到了墨西哥，很快就建立起一支跟之前的野蛮队伍不一样的军队，反抗臭名昭著的新独裁者。维拉在新墨西哥边界贩卖牲口的时候认识了几个固执的美国人，他们现在也加入了维拉的队伍，这就是传说中的美国雇佣兵，都是当时美国南部的退役士兵、牛仔和其他生活没有希望的人，他们天生就对大地主、银行家和铁路大亨恨之入骨。这些不法分子不仅仅为了追求财富，也是为了自己的荣耀，可以参加大卫与歌利亚之战。导演山姆·佩金法将这段血腥暗淡的历史拍成了名为《日落黄沙》的电影。

潘丘·维拉在美国也有很高的知名度，他革命性的主张公平分配国家财富，维拉的活动资金来源也同样富有革命意味。1913年他在美国看了一部默片之后非常受鼓舞，自己出演了四部电影，如《追随墨西哥国旗》《维拉将军的一生》等。

正因为有了维拉，所以好莱坞可以在墨西哥革命战争的现场取景，这让好莱坞受宠若惊。维拉几乎不具备阅读和写作能力，他拍电影赚来的钱都换成了黄金和武器，维拉的军队很快就装备了机枪、大炮、火车，甚至还包括四架飞机。维拉装备精良的德尔诺特部开始进攻墨西哥的军队，革命队伍在前线取得了巨大成功，革命再一次取得胜利。不过，在哪一部分军队和哪一位指挥官应该率先进驻首都这件事情上，又爆发了争执。总统贝努斯蒂亚诺·卡兰萨停止向德尔诺特的军队的列车提供煤炭，导致队伍走到一半就停了，最终导致阿尔瓦罗·奥伯隆将军的军队率先进入墨西哥城。进城之后做的第一件事就是敲开没收来的龙舌兰酒桶，开怀畅饮。潘丘·维拉解散了自己的军事联盟。1914 年的代表大会上，维拉最后一次尝试将革命队伍统一到一起，最后还是以失败告终。

卡兰萨不得不将临时政府转移到韦拉克鲁斯，潘丘·维拉和自己的老战友米利亚诺·萨帕塔一起在工业、贵族资本家的注目下昂首阔步挺进了墨西哥城，民众为自己的英雄欢呼雀跃。维拉被任命为奇瓦瓦州州长，他在自己发行的纸币上印上了老战友的肖像。原来的银行劫匪维拉现在只要发现有人不尊重或者拒绝使用新货币，就会把他丢进监狱。

和平持续的时间很短暂，美国人支持的是革命队伍中的保守派和萨帕塔，维拉又陷入孤立无援的境地，失望的维拉决定进攻美国。1916 年，他进攻了边境城市哥伦比亚，游击队员杀死了 20 名美军士兵，大肆洗劫，最后将整个城市付之一炬。仅仅过了一周之后，"黑杰克"潘兴将军就带领美国

上帝的礼物·关于酒的故事

士兵发起讨伐。这是美国骑兵在历史上最后一次骑在马背上作战。美国人挺进墨西哥城，击垮了萨帕塔和维拉的军队，两位领导人得以逃脱。

墨西哥联邦拥护者为维拉购置了庄园，为他提供了一份将军养老金，在接下来的几年里，维拉在自己的土地上耕种，为大家树立了榜样。他建立起合作社，为农民的孩子盖起了学校。1923年，维拉遭受奥伯隆支持者的伏击，因为担心他会参加下一次大选。7月20日凌晨，数十发子弹洞穿维拉的身躯，尸体照片传遍墨西哥大地。奥伯隆虽然再次当选总统，不过还没等到上任就被谋杀了。

据传说，1924年2月25日，维拉的头颅被美国骷髅协会盗走，后来在耶鲁大学被发现。墨西哥政府发动群众要求美国人归还维拉的头骨，不过没有任何一届政府敢于将这件事提上正式官方日程。

不过，位于伊达尔戈·德尔帕拉尔的潘丘·维拉博物馆管理员讲述的却是另一个故事。民族英雄当时被风光大葬，他的墓得到精心照料，可惜很快就遭到亵渎，有一个疯子觉得拿着潘丘·维拉的头骨可以领取美国政府悬赏的5000美元。惊魂未定的维拉家人将剩下的遗体部分埋葬到了一个不起眼的公墓里，只有很少人知道。而城市高层领导不希望官方墓地里空空如也，所以马上找到了一位不知名的死者遗体安葬到英雄的墓地里。1976年，当时的墨西哥总统派遣代表团来到帕拉尔，希望能将潘丘·维拉的遗体运回墨西哥城的革命纪念碑。而现场的医生发现，挖掘出来的遗骸竟然是一位女性，不过他跟其他人一样都选择了沉默。从此之后，来自帕拉尔的知情者每次路过纪念碑的时候都会说一句"姑娘你好"。真正的英雄遗骸留在了自己的故乡，陪伴着他的是26位妻子中的一位，而据之前那位管理员透露，维拉的头颅埋藏在奇瓦瓦州的一条沥青路下。

《火山下》

除了演员和音乐家，文学家们也迷上了龙舌兰酒。深受酗酒症困扰的英国作家马尔科姆·劳瑞花了10年的时间完成了自己的小说《火山下》。故事的主人公是一位酗酒的英国前领事杰弗瑞·费尔明。他的人生最后几天是在墨西哥度过的，严重的酒精依赖症导致他最终悲惨地死去。

撕裂、重复和损坏、沮丧、突然强迫自己改变方向，都反映出长期酗酒导致领事的心理脆弱。这些特点让小说成为现代文学的重要代表，也让作者获得世界声誉。

"从那以后多少瓶？后来他喝了多少杯、多少瓶？他突然看见瓶子里有甘蔗酒、茴香酒、赫雷斯和高地女王，酒杯堆成了巴比伦塔，就像蒸汽火车吐出的烟柱，又随着杯塔的崩塌烟消云散。所有的酒瓶都碎了，波尔图、猎狗、布兰科①、潘诺、氧气和苦艾②，酒瓶摔得粉碎，公园的小路上到

---

① 在西班牙文里面"白色"的意思。

② 以上均为酒的名称。

处都有随手丢弃的酒瓶，长椅下、床下和电影院座位下也都是酒瓶，都是领事藏在抽屉里的酒。破碎的卡尔瓦多斯酒瓶变成了千万块碎片，瓶子都堆成了山或者扔进海里，地中海、里海或加勒比海里到处都有它们的身影。

现在他都看到了，开始用鼻子闻，从第一个酒瓶开始，包括所有的酒杯，里面装过啤酒、杜本内、福斯塔夫、黑麦威士忌、尊尼获加、赛瑞廷、加拿大布兰科；餐前酒、健胃苦味酒、一半、双份、"再来一杯"、漂亮的龙舌兰酒瓶、南瓜瓶、南瓜瓶、南瓜瓶，成千上万个南瓜瓶装满美妙的梅斯卡尔酒……领事安静地坐着……面对如此多的酒瓶，他是如何让自己重新开始的？他是如何分辨应该用哪个杯子喝什么酒的？"

虫子怎么到瓶子里来了

"美妙的梅斯卡尔"是发癔症的领事最喜欢的饮料，主要是用埃斯帕丁龙舌兰草做成的，当然也有其他品种。人们挖一个坑，在里面铺上热石头，石头上放上龙舌兰植物根茎，然后用棕榈叶和泥土覆盖。在里头放上几天之后，被称为"龙舌兰之心"的根茎会变软，吸收土地的香气和烟气。偶尔会发现有些瓶子里有一种虫子，其实严格意义上讲根本不是什么虫子，而是蝴蝶幼虫。这种小动物特别喜欢生长在龙舌兰田里，当地人经常把它们烧烤或蒸煮之后作为高蛋白小吃，有一些高级餐馆的菜单上也有这种菜。将这种昆虫装进瓶子里还要感谢分装商雅各布·洛萨诺·派斯成功的营销策略，此后其他生产商纷纷效仿。不过这个点子现在有些过犹不及了。有些梅斯卡尔酒瓶里放进去了蝎子和蛇，除了酒独有的味道之外还让人的神经为之紧张。墨西哥国内也不太欣赏这种过度营销策略，不过大家都喜欢喝梅斯卡尔的时候搭配一片甜柠檬，然后加点盐，盐里面混合了辣椒粉和蝴蝶幼虫粉末。

韦伯的神奇植物还是蓝色龙舌兰的秘密

龙舌兰和梅斯卡尔有非常近的亲缘关系，其基本的生产原料是蓝色龙舌兰草，也就是韦伯龙舌兰，它其实属于百合家族，而经常会被误认为跟仙人掌有亲缘关系。能生长到理想高度而且品质优良的龙舌兰一般都生长在海拔 1500 米以上的环境中。自然环境下龙舌兰芯的花序可以生长到 5 米高，龙舌兰种植者必须有足够的耐心，因为龙舌兰需要 5 年的时间才能开出淡黄色的花，这也是龙舌兰一生中唯一的一次开花。一种当地的蝙蝠用自己的长鼻子为其授粉。授粉成功之后龙舌兰会生产多达 5000 颗种子，然后死掉。人工培育的植物可以在 6—10 年后收割，需要移除它们的花序，这样可以促进植物底部的生长。

植物经过多年的成熟期后就会被挖出来，有些酒厂，例如埃拉杜拉只会采用某一个 10 年成熟期期间的果实，因为果实越成熟，糖分的含量越高。这样相对较长的成熟期也是现在依然存在生产瓶颈的一个主要原因。全年都可以采摘果实，因为龙舌兰这种植物的成熟期并不受季节的限制。一株成熟的龙舌兰草被挖出后，龙舌兰草收割工人会用类似于铁锹的锋利无比的东西把叶子一片片铲下来，叶片上的尖刺很多，大约有200个，最后露出来的是一个很像巨大菠萝的草芯，当地人称之为"皮纳"（Pina）。草芯的重量大约是50—100公斤，一位有经验的收割工人每天会收集一吨草芯。这份工作有很大的风险，需要高超的技巧，所以大多数都是子承父业。收集好的皮纳会被运到酒厂，在那里被切成两半或四半进行蒸煮。原来都是放到专用的炉子"霍诺斯"里，整个过程需要持续三天，然后经过长时间的自然冷却。现在只有小酒厂还会采取这种制作方法，因为大厂在煮的时候都开始使用类似家庭用的高压锅了。这样只需要12个小时就可以达到理想的效果，冷却过程同样使用机器完成。

在这一步完成之后，皮纳尝起来有点像红薯或山药，龙舌兰酒的含量很低。下一步需要将这些巨大的塞子一样的果实用一个像迫击炮一样的巨磨"塔合那"磨碎，然后将磨出来的汁液[1]进行过滤和分离，将剩余的残渣清理掉。接下来需要添加水和酵母，然后装进大不锈钢罐里进行发酵。传统上这一过程需要持续12天，也可以通过添加化学成分缩短到2—3天。这样产生的果汁先沉淀一会儿，然后放到罐式蒸馏器或者更先进的塔式蒸馏锅里进行二次蒸馏。经过大约一个半小时后，第一次蒸馏出来的酒精含量大约是20%，接下来进

---

[1] 当地人称之为"糖水"。

行的第二次蒸馏时间是 3—4 个小时，可以将酒精含量提高到
55%。只有最中间的草芯可以用来加工龙舌兰酒，头和尾都要
去掉，经过蒸馏之后的龙舌兰酒和其他烧酒一样都很清澈。
加入适量软化水之后可以将酒精度调整到比较理想的 40%。

白色的龙舌兰酒会在不锈钢罐进行 1—2 天的均化，然后
再进行灌装。酒之所以有颜色，是因为存放时使用了新的或
者用了 50 年的威士忌、白兰地或雪利酒木桶。这些木桶很大
程度上决定了饮料的口味。木桶需要存放在酒庄里，要求通
风良好。龙舌兰酒最简单，同时也是最著名的代表是白色或
银色龙舌兰酒。它们经过蒸馏之后会直接或者很快进行灌装。
金黄龙舌兰也是这样，然后加入焦糖、糖浆或橡木提取物进
行染色。需要经过陈化的龙舌兰酒至少要在木桶里存放 2 个月。
金樽龙舌兰① 需要经过 2 个月的沉淀期，而不是像最高品质的
陈年龙舌兰一样存放 1 到 5 年。而继续延长存放时间对品质
并没有什么影响，所以这样的做法并不常见。

百分百的阿祖尔龙舌兰必须标注"墨西哥制造"字样。
最高品质的龙舌兰称为"百分百陈年阿祖尔龙舌兰"。墨西
哥政府专门设立了质量监管部门"龙舌兰规范委员会"（CRT）
严格控制生产流程。

许多廉价的龙舌兰都是糖汁混酿酒，只需要使用蓝色龙
舌兰草生产出 51% 的酒就可以了。另外，在进行蒸馏时使用
的是其他龙舌兰草或者甘蔗，这些酒允许在墨西哥境外进行

① 又称"微陈龙舌兰"。

混合和灌装，它们的颜色都来自添加的焦糖。

喝饱肚子，戴上帽子

1968 年的墨西哥奥运会和 1970 年的世界杯这两项重大赛事让墨西哥的龙舌兰酒行业受到全世界的关注。阿卡普尔科是美国游客最向往的地方，另外还有大学生和嬉皮士，对他们来说，墨西哥低廉的物价是最大的吸引力。龙舌兰的销量剧增导致品质受到影响，所以越来越成为低廉享受的标志，代表性也越来越差。由于需求量过大，导致种植园过度采摘，破坏了龙舌兰的可持续发展，而且关于酒纯度的法案执行力度也越来越差，糖汁混酿酒充斥着市场，质量堪忧。

我们平时喝的龙舌兰大多是糖汁混酿酒，名声并不是特别好，主要是青春期的年轻人喜欢喝。因为价格便宜，所以很多年轻人一不小心就会喝多，因此被送到急救中心的不在少数，很多孩子都趁着父母不在家的时候开怀畅饮。而且龙舌兰酒的香味在第二天酒醒之后还会保存在记忆里，很容易上瘾。稍微年长一点的成年人比较有经验，他们会选择其他的酒。

墨西哥的龙舌兰酒会装在各式各样的瓶子里出售，例如响尾蛇、手枪、牛角或牛仔靴。"喝饱肚子，戴上帽子"是斯莱瑞龙舌兰的广告词，来源于墨西哥的民间传说，同时也帮助这个品牌在德国市场站稳了脚跟。很多著名的品牌也非常重视酒瓶的设计，墨西哥的龙舌兰莱伊酒 925 推出了很多著名的限量款，其中的"古国激情"系列是世界上最贵的龙舌兰酒，酒瓶是限量版的铂金制作的，里面的酒是6年陈酿龙舌兰。最贵的酒瓶大约消耗了2千克白金和铂金，价值达到15万欧元，如果觉得这个太贵了，还有稍微便宜点的金银版，售价1.7万欧元。龙舌兰酒除了酒本身会对青少年饮酒者产生致命性的影响之外，这些设计精美的酒瓶也难辞其咎，所以欧洲人对其又爱又恨。

现在的龙舌兰种植区生长着大约2.53亿株蓝龙舌兰，2010年的龙舌兰酒产量为2.574亿升，其中1.522亿升用于出口。全球对百分百纯正龙舌兰的需求量增长了超过27%，主要销往北美。

美国人早在禁酒令期间就爱上了墨西哥威士忌，他们对酒精饮料有着广泛的爱好。纯龙舌兰草酿造的酒在美国和墨西哥都是按照微陈龙舌兰的标准用雪利酒杯一口一口喝的，在喝陈酿龙舌兰的时候需要将室温调节到最适合酒香发散的温度，倒进白兰地酒杯里品尝。

80年代时美国人开始追求高品质的龙舌兰，一杯好的龙舌兰跟科涅克或苏格兰威士忌一样重要，是墨西哥文化的代表，虽然欧洲认为墨西哥仍然是发展中国家。

奇迹之树

只有后来出的普通龙舌兰酒保留了盐加柠檬片的传统，懂龙舌兰酒的不会一口气干掉，而是慢慢喝，毕竟这种酒有着 400 年的历史。早在西班牙征服者在 16 世纪到达之前，当地人就开始用龙舌兰草芯酿酒了，这种植物是当地人日常生活里必不可少的一部分。一份 1527 年的西班牙旅行报告中将其称为"奇迹之树"。龙舌兰属于多汁植物，是这个地球上最古老的植物之一。墨西哥生长着 200 种龙舌兰，当地群众在制作草垫、盖房、搭建屋顶和篱笆的时候都会用到它们。植物纤维后来被加工成衣服、纸张和绳索。龙舌兰草芯因为糖分较高，可以生吃；汁液可以用于制作医用软膏。经过发酵的汁液成了墨西哥土著最初的酒精饮料，现在的龙舌兰种植区依然保留了这个传统。这种酒呈乳白色，酒精度是 2 到 8 度，因为维生素含量丰富而且脂肪含量很低，所以被认为是有助于健康的饮料。在全球化高度发展的今天，这种饮料仍然只能在当地喝到，在墨西哥之外几乎难寻踪迹。

龙舌兰酒的麻醉用途出现在不同的中美洲文明里，例如将发酵的龙舌兰汁液用于宗教仪式。有资格享受龙舌兰美酒的还是统治阶层和牧师。中南美洲最重要的两大文明是玛雅和阿茨特肯文明。玛雅人认为整个世界都驼在一只大鳄鱼的背上，鳄鱼生活在一个巨大的池塘里，只要它移动就会引起地震、火山喷发、洪水和飓风，威胁人类生存，所以需要给它献上牺牲。阿茨特肯人也跟玛雅人一样献祭，只不过没有那么夸张。

他们被认为是中美洲胡埃戈回力球的发明者，是足球的先驱，虽然当时在玩球的时候并不适用手和脚，开门球和发界外球都使用棍子。当时的体育馆一般都是巨大寺庙复合体的一部分，例如奇琴伊察可以容纳 2 万人，比赛的筹码是权利和战犯的命运，有时候球场会变成战场。球赛经常是民间节日的高潮，大家都会进行投注。胜利者会赢得极高的社会声望，而失败者很有可能丧命，成为大型赛事的牺牲品，而死亡也是对神的献祭。

从孔基斯塔到龙舌兰

1519 年 4 月 21 日，西班牙人到达美洲，曾经高度发达的玛雅文明已经在 300 年前衰落，统治墨西哥的是阿茨特肯人。他们在今天墨西哥城所在的位置上建立起巨大的金字塔，用于研究天空和特诺西提特兰 ①。特诺西提特兰位于两个火山之间的高地上，西班牙占领期间人口大约有 10 万人，周围是一个巨大的潟湖系统。城市里流动的花园、寺庙和宫殿对于西班牙人来说就像是幻境。荷南·科尔蒂斯和迪亚兹·卡斯蒂略在自己的日记里描述了他们发现的这个天堂的美景，后来他们野蛮地占领了特诺西提特兰，大肆抢掠，几乎将原住民和所有建筑都消灭掉。西班牙人当时处于较大的劣势，他们是如何做到的，至今仍是个未解之谜。事实上阿茨特肯人认为这些征服者是上帝派回人间的使者，这一点应该起到了重要作用。

---

① 位于墨西哥，特诺西提特兰把德克可克湖中的群岛连接了起来，成了湖中之国，在市中心有神庙和宽阔的广场，祭司在那里做宗教仪式。农民在当地种植玉米、豆类和辣椒。

不管西班牙人在当地犯下了多少罪行，我们不得不承认，他们带来的除了武器、流感、百日咳和梅毒之外，还有蒸馏技术，奠定了现在墨西哥国酒的基础。在龙舌兰酒出现之前，人们喝的是发酵的龙舌兰汁液，西班牙人16世纪到达的时候早就广为流传了。当时已经有了比较大的市场，也有专门的基础设施用来生产，而且产量已经超出了当地农村的需求。这种酒在城市里的销量非常好，成了生活必需品。西班牙人很快就发现了这种可以用于蒸馏的材料，因为酒精是征服者重要的补给。当时的饮用水经常会受到寄生虫和细菌的污染，所以西班牙士兵从1546年开始要求必须在水里加入龙舌兰酒或梅斯卡尔酒进行消毒。而一般吃饭的时候通常只喝啤酒、红酒和牛奶。

　　第一位开始将蒸馏技术用在龙舌兰发酵汁液上的西班牙人是野心勃勃的阿尔塔米拉公爵的唐·佩德罗·桑切斯·德·塔格尔，他是公认的龙舌兰酒之父。他不是出身于种植区，但他活动的地方就是现在的龙舌兰草种植区哈利斯科州。1600年，他开了一家梅斯卡尔酒厂，开始在自己的土地上种植龙舌兰草用于酿酒。早期梅斯卡尔酒出现的标志就是开始对它征收税款。早在1680年，当时的新几内亚总督就开始征收酒税，而且酿酒厂从1636年开始必须具备生产许可证，才能酿造梅斯卡尔酒。这款酒的成功从当时对其征收的大量税款上可见一斑，但爱好者们并没有被高昂的酒税吓倒。

　　而且这些收入在历史上非常罕见地用在了建设道路、桥梁上，后来还包括教堂和大学，而不是用在军事行动上。与此同时开始出现关于酒的医疗用途的报道，例如可以用于风湿部位的按摩。1700年，梅斯卡尔酒开始出口国外，而且龙舌兰城周围地区生产的梅斯卡尔酒品质最好。而且这一地区位于通往港口城市圣布拉斯的必经之路上，只不过还没等到生产进一步发展和扩大，政策就发生了变化。1758年，西班牙国王查尔斯三世禁止墨西哥生产酒精类饮料，这样可以保证西班牙红酒和白兰地的市场。当然，人们会想尽一切办法规避禁令，而且10年之后的法律规定又发生了变化。费迪南德四世登上西班牙王位之后发现墨西哥的酒税远远高于西班牙国内，所以酿酒又成了合法生意。1850年左右，龙舌兰酒慢慢成为优质梅斯卡尔酒的代名词。

1795年，龙舌兰种植者何塞·安东尼奥·德奎勒沃获得了酿造梅斯卡尔酒的许可证，借此打下了公司的基础，现在发展成为最重要的酿酒厂之一，而且仍然保持了家族企业的特点。其实大家很容易理解，早在获得许可证之前，何塞就开始酿酒了。37年前他就把自己的土地卖掉了，后来用这笔资金换得了巨大的财富。他的酒厂就位于小城龙舌兰，这个地方当时一穷二白，正是龙舌兰酒的成功给它带来了鹅卵石路、教堂、学校、医院和享誉世界的美名。

1810年，独立战争开始，墨西哥民众在战场上与西班牙殖民者作战的时候会时不时地喝上一口龙舌兰，这一点给人留下了深刻的印象。墨西哥的一位领袖是多洛雷斯的社区牧师米格尔·伊达尔戈，他嗜酒如命。他手持瓜达卢普圣女雕像，带领着一支农民军奔赴战场，一开始的几个月取得了军事上的胜利，直到1811年6月遭受惨败。伊达尔戈的头颅被悬挂在瓜纳华托的市场上用以警示，直到苍蝇和蛆将它吞噬干净。墨西哥现有一座球场、一个联邦州，还有一颗小行星都是以他的名字命名的，当然还有米格尔·伊达尔戈牌龙舌兰酒，这样大家永远都不会忘记这位上帝的斗士。

1921年，墨西哥从西班牙殖民者手中赎回了自由，但是它的经济已经被盘剥殆尽。后来有几位独裁者发动了与美国的战争，最终导致被以1500万美元的价格将亚利桑那州、加利福尼亚州、新墨西哥州，包括之前被吞并的得克萨斯州出售给美国。接下来是法国人的入侵，迫使墨西哥承认哈布斯堡王朝的马克西米利安一世是自己的皇帝，而他正是拿破仑三世的傀儡皇帝。19世纪中叶，"龙舌兰"这个名字主要指的是哈利斯科州用龙舌兰草所酿造的龙舌兰酒，跟科涅克或香槟一样都是明确的产地标志，保持着独特的品质特征。工业革命后来渗透到这里，当地修建了一条铁路，酒厂也投资新建了蒸馏器，提高了卫生标准。按照当时条件生产的龙舌兰酒跟我们现在喝到的已经非常接近了。

神的礼物

从前，天上的众神觉得生活有些无趣，地上的人们努力地工作，敬畏着他们，相信命运的安排，而且会定期在祭坛上献上牲畜和人祭。但是众神对血流和输送血液的心脏并不是很感兴趣，他们开始争吵，如何回应虔诚的人类发出的保护请求。他们的争吵让天空阴暗，让大地颤抖，雷神在咆哮，闪电在跳跃，突然有一道闪电劈开了一棵龙舌兰草的草芯，将它烤熟了，给人类创造了酒。欣喜若狂的人类很快忘记了自己的职责，放下了手头的工作，欢呼雀跃地庆祝众神赐予的意外的礼物。人们坠入爱河，放声歌唱，疯狂舞蹈，然后陷入争执，最终又归于平静，而众神也同样为自己巧妙地给人类带来的一切欣喜不已。

第七期
香槟酒

Siebtes Semester:
Der Champagner

颓废的峰会

"他马上就开始了，他来自香槟地区，
在监狱里不耐烦地踱来踱去……"

——红衣主教伯尼斯

酒窖管理员发出了"魔鬼酒"的诅咒，因为刚才有人发现一位员工的脸上布满血淋淋的伤痕，被人从石灰岩地窖里抬了出来，管理员恐惧地将自己的视线从受伤的眼睛上移开，他不知道这个人以后还能不能看得见。这已经是第三位被四处飞溅的玻璃碎渣弄伤眼睛的员工了。他自己的双手也布满了伤疤，虽然所有人都使用面具和头盔保护自己的脸。厚重的皮围裙紧紧地裹住身体，只不过每天都会有意外发生。香槟酒在秋天灌装到瓶子里，然后很快就开始发酵了。冬天的低温首先让酒安静下来，一到3月份又开始慢慢活跃了。现在到了夏天就变成了"怒火"。每天都有酒瓶像爆竹一样炸裂，玻璃碎片像子弹一样飞溅，地板上满是酒的泡沫。每一个瓶子在爆炸前都会在架子上裂开。他试过用水给瓶子冷却，但没起作用。后来他把地板做成了斜面，这样泡沫就可以流走了。

他每一天都会无助地看着自己一年的辛勤劳动一点点化为乌有。

第二次发酵过程中，根据温度、玻璃质量和酒窖管理员的水平不同，最高有九成的窖藏会毁于一旦，这对备受盘剥的葡萄种植者来说是巨大的损失，但他们还是坚持着自己的酿酒事业，虽然这一过程很难控制。而这种情况在当地并不罕见，香槟地区从1750年开始就生产三种葡萄酒：无泡的白葡萄酒，较重的红葡萄酒和酒精度大约5度的白色泡沫葡萄酒，正是它让这一种植区获得了世界声誉。也许正因为在生产过程中的损失非常大，而且生产过程非常困难，才导致消费者对最终产品需求上升和酒的价格高企。

冉冉升起的葡萄酒新星

18世纪中叶，酿酒师克洛德·酩悦特出差来到路易十五的皇宫。他的祖先曾经与圣女贞德并肩作战，抵抗英国侵略者，前人的付出为克洛德打开了通往凡尔赛宫的大门。他在这座欧洲最辉煌的皇宫中碰到了著名的蓬帕杜夫人，她是国王长年的正式情人。她自己在香槟地区生活了很多年，她的父亲和兄弟都在这里拥有自己的土地，他们注意到当地的葡萄酒一步一步从无泡的白葡萄酒到红葡萄酒再到香槟酒的发展过程，优雅聪明的侯爵夫人成为香槟酒的忠实拥趸，也让它成了法国宫廷的节日饮料。传说她的美貌得益于常年在香槟酒里泡澡。她认为香槟酒是唯一可以由内而外保持女性魅力的秘诀。

修道院院长伯尼斯知道自己的弱点，他如实进行了描述："他马上就开始了，他来自香槟地区，在监狱里不耐烦地踱来踱去，随时准备让自己沉浸在闪亮的泡沫里。你知道，为什么这种葡萄酒如此有魅力，能在不经意间像闪电一样迅速蔓延？巴克斯希望用香槟酒来控制自己叛逆的爱，但一切都是徒劳。美丽让爱变得自由。"

她爱人的祖先奥尔良公爵菲利普登上了王位，虽然统治法国的时间只有短短 8 年，但足以将"最无耻、奢侈和尖锐的 10 年"带给法国人民。凡尔赛宫几乎被遗弃了，宫廷生活转移到了他在巴黎的皇家宫殿里。菲利普可以说集所有恶习于一身，无人能比。他身边充斥着酒鬼、花花公子、轻浮的女孩、浓妆艳抹的年轻人和风流的修道院院长。香槟酒一般都是女士用温柔的双手打开，软木塞代表着色情的力量，像瀑布一样的葡萄酒淹没了皇室的狂欢庆典。法国宫廷的豪饮逐渐传遍了欧洲所有的皇室，英国一家当地媒体报道称，在一次贵族晚宴上有一个交际花在自己的鞋里装满了香槟酒，然后让大家传着喝。后来鞋子被裹上面粉放进了烤箱，跟蔬菜炖肉片混到了一起。

皇室很早就开始饮用香槟地区的葡萄酒，这种酒被称为"灰酒"，因为颜色是灰色的，而且不起泡。由于香槟地区位于欧洲的中心区域，便利的地理位置让它成为中世纪重要的贸易中心。公元 814 年，虔诚者路易在兰斯加冕，之后有许多国王都在此加冕登基。加冕庆典让这一地区的高品质葡萄酒顺利走出法国，名扬天下。在艾伊镇有现存最古老的酒庄哥赛，始建于 1584 年。

更夸张的是作为波旁王朝第一个国王的亨利四世早在自己出生的时候，他的祖父就掰了一瓣大蒜放进他嘴里，然后给他喝了几滴香槟酒。当时看似用以虐待他的香槟酒后来逐渐发展成著名的美酒，尤其是女士对它情有独钟，"到我四十岁的时候，身上最好的地方是一块骨头。"

路易十四将无泡香槟葡萄酒变成了家庭用酒。在他统治时期的领主圣·埃弗雷蒙德，全名是查尔斯·玛格丽特尔·圣·德尼斯，有着巨大的影响力。尽管现在很少提及，作为历史上著名的酿酒商，他确实主导了香槟酒走向成功的道路。

圣·埃弗雷蒙德是一位著名的作家、哲学家和讽刺主义者，他年轻时就在战场上赢得了勇敢者的美名。他担任皇家香槟酒庄的管理者，他在自己的领地里实践着"勇者无畏"的座右铭。"无所畏惧"可以看作是影响圣·埃弗雷蒙德后半生的箴言。当时的气候变得相对宜人，除了夏天之外。在寒冷的季节里，他的统治变得比较艰难。这里是另一个巴黎，虽然政府实行了严格的管理，每年还是会有 1500 人死于非命，这里也是礼仪宽松的巴黎，充满着超凡脱俗的事件和热闹冒险。

史书上对圣·埃弗雷蒙德的描述是"身材高大，相貌堂堂""浓密黑色的长睫毛掩盖不住充满薰衣草气息的眼神"，所以他备受女士欢迎。当时巴黎的精神中心是萨布勒侯爵的沙龙，他的幽默和机智让他卓然不群，他给当时的人们讲述着美酒和美食的重要性。圣·埃弗雷蒙德所宣扬的平衡、自由、轻松和健康的生活方式也是现在新式法国菜的主导思想。与口味较重的波尔多或西班牙红酒相比，香槟红酒更受欢迎。

奥尔良公爵和布瓦多芬总督圣·埃弗雷蒙德被称作"三把刀弗雷雷斯"，因为他只喝三种葡萄酒——兰斯、艾伊和艾维纳。圣·埃弗雷蒙德的机智和坦率、经常充满讽刺意味的演讲举世闻名，他经常在小测中针砭时弊，而路易十四最终对他忍无可忍了。最后他选择了流亡英国，而不是将巴士底狱潮湿的牢底坐穿。在英国他成为国王查尔斯二世的座上贵宾，而国王本人有一半法国血统，并且也有在法国流亡的经历。国王不仅跟圣·埃弗雷蒙德分享身边的美人，也非常欣赏香槟地区的生活方式。这种特殊的友谊让圣·埃弗雷蒙德成为圣詹姆斯公园的鸭岛的"州长"，而且为他提供了一份优厚的退休金，直到他生命的最后一刻。

到 1730 年，香槟酒已经征服了欧洲的王室，从伦敦到布鲁塞尔，从柏林和维也纳到马德里，美妙的小气泡成为贵族的新宠。

弗里德里希大帝委托科学院揭开起泡酒的秘密，却拒绝将自己珍藏的几瓶为数不多的香槟酒贡献出来做研究。他宁可无知地死去，也不愿意牺牲自己的香槟酒。博·布鲁梅尔和奥斯卡·王尔德一样，都是英国花花公子的原型，他们每天都要换三套衣服，而且用香槟酒擦拭自己的靴子。

爱德华七世也是一位真正的纨绔子弟，他的母亲维多利亚女王过着清教徒一般的生活，母亲的长寿让他只能一直做王储，他悲惨的命运只能用每天尽情享受起泡酒来弥补。他只喝著名的哥赛酒。当时的威尔士王子出去狩猎的时候会随身带着其他的猎人和围猎者，因为他会不定期地歇斯底里，用绝望的声音喊人。不幸的随从们必须推着小车跟随他翻山越岭，车上装满了冷却器以及足够的补给和配件。在伦敦的酒吧里，"一瓶男孩"到现在还是吃第二顿早餐时喝一瓶香槟酒的代名词。

路易十四在上断头台之前还喝了一杯香槟酒，拿破仑·波拿巴也出身于酿酒世家，他与杰－雷米·酩悦的关系非同一般，他给拿破仑及其家人在埃佩尔奈建了一家私人旅馆。拿破仑在自己的行军途中经常会在此停留。法国皇帝大力支持甜菜糖的发展，这种当地的糖价格低廉，而且对采用调配法的香槟酒的生产有着重要意义。"没有香槟酒我根本活不下去，胜利之后我需要用它来庆祝，失败了我也需要它的安慰。"

维也纳节日——"国会无所事事，只会跳舞"

俄国皇室对法国酿酒技术情有独钟。沙皇彼得大帝每天晚上都会喝4瓶酒。他的女儿伊丽莎白规定在官方正式接待场合都要喝上一杯托考伊甜酒。凯瑟琳大帝加上了她从沙皇军官那里学来的小游戏。沙皇亚历山大通过香槟酒来展示自己强大的军事实力。1815年9月10日，30万俄国士兵在弗图斯附近的艾美山村庄驻地开拔。早上7点钟，混乱的哥萨克骑兵、骠骑兵、掷弹兵和步兵，携带着自己的大炮、步枪、马匹和车辆展示了欧洲最强大的军队实力。有一队骑兵冲向了艾美山。亚历山大发出信号之后，30万士兵组成了一个巨大的四边形，沙皇身边站着奥地利皇帝、普鲁士国王、巴伐利亚王储、威灵德王子和惠灵顿公爵。他们表情严肃地检阅无边无际的大胡子俄国军队。俄国军队展示的姿态主要是想震慑普鲁士和奥地利，他们想要瓜分战败的法国，削弱其影响力。而沙皇亚历山大需要保持法国的影响力，这样才能让法国牵制住强大的邻国。这次欧洲首脑峰会成了香槟酒最好的广告，是这个葡萄种植区做梦都不敢想的好机会。

　　谈判早在一年前就在维也纳国会上展开了。143人的使团囊括了欧洲所有的贵族，他们将共同决定欧洲未来的格局，讨论如何在拿破仑制造的废墟上重建整个欧洲。这次传奇的会面中最重要的人物是代表奥地利的梅特涅伯爵、代表法国的查尔斯·莫里斯·德塔利兰－佩里戈尔德和沙皇亚历山大一世。一位便衣警察如此描述沙皇："他很少坐在自己的办公桌旁，他每天的生活就是出席士兵的演习，骑马或坐车去狩猎，拜访名流，晚上一直跳舞到深夜。他的一切活动都离不开香槟酒。"在另一份更详细的报告中写道："沙皇在弗朗索瓦·帕尔菲伯爵的舞会上一直在向伯爵夫人塞尔吉尼·德吉尔福德献殷勤，他后来对伯爵夫人说，'既然您的丈夫不在，我就坐在他的位子上吧。'而伯爵夫人回答道：'陛下把我当成您的行省了吗？'"

　　67岁的"愤青"、法国改革家塔列朗没有使用军队来提高法国的影响力，而是借助法国最著名的厨师安托万·卡梅之手。香槟酒在塔列朗手里就是大炮，他带领的法国代表团里还有受过高等教育但有些反复无常的佩里戈尔公爵夫人，是他侄媳，她唯一的任务就是公关，而她和39岁的叔叔之间的不正常关系是后人从他们来往的书信和账单里发现的。

使团每一次出发和归来都会举行迎接和庆祝，利涅王子明智地指出："国会无所事事，只会跳舞。"使团参加的最重要的活动就是皇帝举行的舞会。3000位客人里面几乎囊括了欧洲所有的元首，10万根蜡烛照亮了盛大的舞会现场。法国代表团捐赠了1500瓶大瓶香槟酒。这次广告宣传虽然耗资巨大，却非常成功，因为杰－雷米·酩悦知道，这样法国不需要武力就可以征服欧洲。塔列朗的祝酒词是："我希望您的名字能够伴随着我们这一杯酒变得更加光彩夺目。"这句话成了他的专利。被称为"维也纳节日"的国会会议持续了整整一年，香槟酒之后一跃成为权贵的新宠。历史学家称，与会者在面临重大决定的时候恨不得给自己安个阀门发泄一下压力。很有可能权贵们觉得可以重现欧洲的辉煌，所以值得为之庆贺，而事实上欧洲文化和政治的主导地位已经是强弩之末了。

贵族的影响力在削弱，香槟逐渐变成了冉冉升起的资产阶级的最爱。正是由于酒的稀缺性和昂贵的价格，才让人趋之若鹜。之所以稀缺是因为种植区域很小，之所以贵是因为加工过程费时费力，而且还要经过长年的储藏。

从灰酒到起泡酒

"珍珠泡沫如蜜甜，
宛若天仙落玉盘。"

——威廉·布什

还有一个人也被认为是"香槟酒之父"，他虽然对酒的发展做出了巨大的贡献，却对酒的气泡不置可否，他一直致力于减少酒里的气泡含量。本笃会修士唐·皮埃尔·佩里翁出身于富贵之家，不过作为家里长子的他没有选择管理家族财富，而是在18岁那天加入了圣维恩的本笃会，这家修道院不仅以极高的精神层次，还以严格的规章制度和绝对的服从命令闻名于世。"懒惰是灵魂的敌人，所以兄弟们要勤奋。我们推荐大家做做手工，可以激荡灵魂，触发灵感。"早在兄弟会创立之初，这句话就成了修道院的主导思想。他在30岁的时候就接受了圣皮埃尔·豪维尔修道院的管理工作，这家修道院是当时最著名最富有的修道院之一，只是数次惨遭远征归来的十字军洗劫，有四次被完全摧毁。修士们经过30年的辛勤劳作重建了修道院，唐·皮埃尔·佩里翁的到来带来了农业和葡萄种植，为修道院迎来了新生。1668年到1715年间，他不仅掌管了盛产高品质葡萄的种植园，还有附近的酒窖。当地丰富的葡萄种类决定了酒的不同品质，这对他来说是一个巨大的挑战。

他深入地研究了不同葡萄酒的品性，以及气候和土地条件对酒的影响，成功地研制出混合酒，保证了每年都能维持稳定不变的品质。他发明的"特酿"概念到现在还是香槟酒可靠品质的基础。豪维尔修道院的无泡葡萄酒被拥趸们称作"佩里翁葡萄酒"，它成了法国最著名的葡萄酒品牌。1700年，一桶葡萄酒的价格可以达到800—900里弗[①]，而其他种植区的酿酒师最多能卖到500里弗。本笃会修士们喜欢用红色的葡萄来生产白葡萄酒，他们拒绝使用白色的葡萄，因为它们会促进酒的二次发酵。葡萄藤只能长到一米高，这样的人为控制虽然降低了产量，却保证了更好的葡萄品质。只有完整的葡萄粒才能用于酿酒，所有被挤压或坏掉的颗粒和葡萄叶都会被剔除。压榨过程必须尽快完成，多次压榨的汁液会分开存放。唐·皮埃尔·佩里翁是一位完美主义者，他让自己的工人在压榨过程中一直工作到筋疲力尽，可以说他是第一位严格意义上的酿酒家。

当时的另一位先驱是不太出名的奥达特，他是沙隆山圣皮埃尔修道院的酒窖管理员。这家修道院距离唐·皮埃尔·佩里翁不远。据说佩里翁只到这里来过一次，不过我们能推断出来，两位修士会交流酿酒的方法，而且不断创新。奥达特跟佩里翁一样致力于完善制造工艺，所以他制作的葡萄酒与佩里翁酿造的酒齐名。奥达特比佩里翁小16岁，在佩里翁去世以后他又活了27年，这段时间是香槟酒发展的重要阶段。他开始试验发泡酒，这一点奠定了这一地区未来的发展。克

① 大革命前的法国货币。

劳德·泰廷格将这一时期的修道士分为保守派和革命派，而奥达特就属于革命派，因为他是香槟地区第一位采取调配法的酿酒师。出现这种演变的一个重要原因就是勃艮第或波尔多地区优质葡萄酒带来的竞争压力，另一方面是当时对发泡葡萄酒的需求量持续上升，主要在英国。虽然英国人要求不高，但是我们必须做好自己的产品，进步的修士们开始将葡萄酒装进玻璃瓶里，而不是像原来那样放到木桶里。第二次自然发酵和意外发酵过程很难控制，如果按照完美主义者的做法，整个过程需要等上 150 年。

"机械酒"

18 世纪伊始，无泡灰酒开始向发泡白葡萄酒过渡，也就是我们现在喝到的发泡酒。早在 1661 年，圣·埃弗雷蒙德就将这种香槟地区无泡葡萄酒引入了英国，因为它是"有品位的使者"。不过他很失望地发现，英国的葡萄酒商在从酒桶往玻璃瓶里进行灌装的时候，将香槟葡萄酒换成了调配酒，这种酒里只有丁香、肉桂、糖和糖蜜。他们发现，容易起泡的香槟酒经过调配之后会变得稳定，在英国长时间存储之后还能产生人们喜爱的小气泡。其中一个重要的前提条件就是优质的玻璃瓶，必须能抵抗住二次发酵的威力。由于英国的船队需要大量木材建造舰船，所以海军上将罗伯特·曼塞尔爵士在 1651 年向国王詹姆斯一世请求禁止在制造玻璃时使用木材做燃料。后来玻璃制造商们改用煤炭，这样可以达到更高的温度，保证了玻璃更好的耐用性。1660—1670年，英国人首次成功地用石英砂制成了厚重的棕色或绿色玻璃瓶。这种玻璃瓶对发泡酒的生产非常重要，同样重要的还有葡萄牙或西班牙生产的软木塞。但是只靠优质的玻璃瓶并不能解决瓶子容易碎的问题，1840年前后，香槟酒的生产还是一件耗资巨大而且非常危险的事业。玻璃瓶30%—40%的破损率非常正常。

香槟酒的生产需要严格计算糖的含量，这样才能保证瓶里的酒在二次发酵时能达到理想的二氧化碳压力。现在的酿酒师都知道，1公升葡萄酒里的24克糖可以产生6帕的气压。这个可靠的数值是马恩河沙隆地区的药剂师弗朗索瓦在1836年发现的，此时佩里翁已经去世100多年了。他成功地发现了葡萄酒里能继续发酵的糖分含量，这样可以在调配时确定糖的数量。杰-雷米·酩悦是第一位采取这种方法的酿酒师，8年之后，阿道夫·雅克森申请了"蘑菇帽"瓶塞专利，这样可以用铁丝将软木塞很好地固定在瓶子上。

现在的香槟酒瓶虽然是密封的，里面的二氧化碳含量也控制得很好，不过在第二次发酵的时候还是会产生不必要的酵母沉淀物，会让酒变浑浊，或者完全变质。处理方法一开始是进行多次倾析将杂质去掉，同时也会损失一部分液体和碳酸，后来发明了振动法。1816年开始可以有效地取出酵母沉淀物，这就要感谢祖籍为巴伐利亚的安托万·德穆勒，他也是传奇人物芭布-妮可·彭莎登夫人的同事，她27岁的时候就守寡了。公司原来是她和丈夫一起管理的，从事的是银行和羊毛贸易行业，酿造香槟酒只是他们的副业。丈夫突然离世之后，年轻的寡妇说服了自己的公公，将公司全权交给她管理。虽然原来名义上是夫妻共同拥有，但年轻的妻子之前从来没有在公司工作过一天，她掌权之后做的第一件事情就是将公司更名为"凯歌·彭莎登"，减少了公司的酿酒生意，企业在接下来的几年里做成了当时最成功的红酒行之一。安东尼·德穆勒和年轻的寡妇一起成功地找到了去除顽固的残留颗粒的方法。他们在一张特制的厨桌上的盘子里钻了一个斜角开口，酒瓶可以从上面卡住。每隔一段时间就把瓶子逆时针转一下，然后头朝下直立，这样通过振动变得松散的酵母就完全收集到瓶颈上了。

最后打开瓶盖，让沉淀物流出来，然后迅速将瓶子竖立起来，塞上木塞。他们对发明的保密工作一直到1821年都做得很好，后来变成了香槟地区酒窖的标准工艺，虽然依然会损失很多葡萄酒，直到1884年去除沉淀工艺的发明，需要将瓶颈进入冷冻溶液里，低温可以让聚集的沉淀物变得厚重，变成一个流动的塞子，这样可以更容易地移除。之后损失的葡萄酒只有几毫升，这样可以在最后塞住之前加入一部分老酒和香料进行补充。工业革命的浪潮席卷了古老的酒庄，所有的步骤慢慢地都用机器来完成了。不管是用机器还是手工去除杂质，香槟酒都受到很深的物理影响，因为它是一种"机械酒"。

"干香槟酒？喝的是毒药吗？"

香槟酒还会受烹饪方法和潮流的影响，我们现在喝到的法国香槟酒的口味其实很大程度上是由英国市场及其特殊要求决定的。英国人很有可能最早开始在葡萄酒里添加其他成分，让酒发泡，而且他们后来也是第一批喜欢喝干葡萄酒的人。当然走到这一步也是经历了漫长的过程。从中世纪一直到 17 世纪中叶，人们对香槟地区葡萄酒的要求还是酸、轻、柔。后来加入了香料和甜味剂，以适应时代发展的需求。发泡酒可以说是在不经意间发明出来的。大量的酸性成分和碳酸会对胃产生刺激，必须加入糖分进行调和，所以 18 世纪和 19 世纪的香槟酒并不干，而且甜得令人难以置信。

我们来列举几个数字就明白了。现在常见的绝干香槟酒每升含有大约 10 克糖分，半干香槟酒最高可以达到 50 克。这一标准就是为了适应英国市场从 1820 年起开始施行的，德国的标准是 150 克，法国可以达到 200 克，另一个重要的消费市场俄国甚至可以达到 250—300 克。

俄国皇室是最重要的香槟酒消费者之一。虽然人们喜欢让不同的香槟酒厂家在自己的皇宫里做宣传，亚历山大二世却要求定制属于自己的私人特酿，所以才有了勒德雷尔为他定制的水晶香槟酒，这也是现在最昂贵的香槟。酒瓶使用的是清澈的富铅玻璃，也是当时专门为俄国皇室定制的。酒的糖含量达到了每升 288 克，严格意义上不能说很干。俄国的铁路接入欧洲的铁路网之后，亚历山大就开始整车往莫斯科运香槟酒。虽然罗曼诺夫①家族背负了沉重的负担，对勒德雷尔来说却是个好生意，这段好时光一直持续到十月革命。被推翻的沙皇尼古拉二世同样也对起泡酒情有独钟，在他死于非命之前，已经欠下了巨额香槟酒债。他死后，很多为沙皇定制的香槟酒因为既重又甜，除了俄国人外没有人愿意要。不出意料，布尔什维克拒绝接受沙皇的公共债务。这些库存一直到几年之后才销往南美。勒德雷尔酒行的著名经理一直到1884年还说自己永远都不会做干香槟酒了。

兰斯位于香槟核心地区，1903年的一位英国旅行作家描述了一个狩猎团的经历："我们在一栋风景如画的狩猎小屋里吃午饭，客人人手一瓶葡萄酒，桌子上摆满了10—12瓶不同品牌的著名香槟酒，主人想知道我想喝哪一种。'如果有的话我想来一瓶干香槟酒。''干香槟酒？您想要这样的毒药吗？'"1921年的新版旅行日记里删掉了这段逸事，我们可以发现，法国人的饮酒习惯后来也发生了变化。

早在1848年，一位名为伯恩的英国红酒商想跟巴黎之花酒庄要几箱干香槟酒，结果碰了一鼻子灰。法国人对此不屑一顾，英国人虽然最终拿到了酒，却不想喝，只有伯恩先生还对自己的眼光充满信心，而时间证明他的判断是对的。1885年开始，喝干香槟酒成了英国的时尚，一跃成为甜泡酒的当家花旦，而且这股潮流迅速蔓延到欧洲其他地区。英国的品酒师们非常欣赏这种熟香槟酒，只有真正的干葡萄酒才

---

① 沙皇的姓。

能保存这么长的时间。酒越熟酸度越低，而且会产生一种完全不一样的圆润口感，这是后来加糖的香槟酒无法比拟的。这种完美的香槟酒所散发出来的香气令人不禁想起香草、玫瑰、榛子或新鲜烘焙的饼干的味道，完全配得上"迷人"这个词。干香槟酒文化催生出了特别和谐的葡萄酒，岁月的沉淀让它变得圆润而充实。

市场营销——真金不怕火炼

在整个 19 世纪，香槟酒的销量从一开始的几十万瓶上升到 2500 万瓶。铁路网纵横欧洲，贵族们慢慢失势了，而香槟酒迅速抢占了上升的市民阶级这一更加巨大的市场。当然，这种奢侈品的世界声誉离不开巧妙的营销措施，有很多广告我们现在还能看得到。

1804—1814 年，伴随着拿破仑的军队横扫欧洲的还有一系列著名的香槟酒庄的代表。他们口若悬河，喜欢喝酒，不管在舞会上还是军营里，都很快就能融入进去，他们低调谨慎，有着杀手一般天生的商业嗅觉。"还没等打完仗，他们就开始准备胜利庆功会了，在占领区一眨眼就建立起了分销机构"，这是著名的葡萄酒作家帕特里克·福布斯的描述。这群新人类中一位著名的代表人物就是路易·勃恩，他代表的是著名的凯歌香槟酒，是公认的可以绕过英国海上封锁的专家，包括任何因为战争而实行的禁运，主要是运往俄国。他把香槟酒伪装成咖啡，雇佣了一艘不起眼的荷兰船运输，然后在柯尼斯堡大肆宣传自己的产品马上就要售罄，必须是熟人才能买得到，所以这些非法物品马上就销售一空。"真是个奇迹"，他在给凯歌夫人写信时说道，"2/3 的柯尼斯堡商会都跪倒在您膝下祈求您的赏赐。"看完这个故事之后，您再听到"在充满传奇色彩的1811年，著名的彗星年份香槟受到哈雷彗星的影响"也就不足为怪了。

新世界的香槟酒

　　查尔斯·亨利·海德西克在广袤的俄国土地上看到了巨大的商机。他骑着自己的白马走了3000多公里，身后是驮着一捆捆香槟酒的马队，这一行动让他的产品吸睛无数。他们一行到达莫斯科之后引起巨大反响，让自己的产品一炮走红。

　　他的儿子查尔斯 – 卡米勒把这一招用在了美国。他于1852年到达美国，开始探索香槟贸易的未知领域。海德西克二世对新世界充满了激情，而新世界也向他伸出了双手。这位英俊的法国人身高达到1.9米，一到美国就成了社交明星。他第二次带着自己最好的狩猎武器来到美国的时候，热情的美国人就开始订购他的起泡酒了。报纸纷纷报道他即将参加哪一场舞会，或者他什么时候要去狩猎水牛。美国内战爆发之后，这位冉冉升起的新星也随之沉寂了。他的纽约代理商拒绝支付数千瓶香槟酒的货款，这些酒他都运往了南方各州。而最新出台的战争法禁止北方与南方的贸易，希望从经济上孤立南方。这对海德西克的家族生意来说是一个噩耗，他决定到美国南方去亲自催债。在那里他被当成间谍抓了起来，被关进了密西西比三角洲的一个小岛上，周围布满了沼泽，岛上黄热病泛滥。每次突发的洪水都会淹没牢房，里面还有鳄鱼，囚犯们必须用木板把它们打跑。法国外交官找到了亚伯拉罕·林肯，林肯答应过几个月就释放"香槟查理"。他半死不活地离开了美国南部，休整了半年之后才出发返回法国。这时候他的企业已经破产了，他的妻子卖掉了家族财产抵债。有一天晚上，一位信使叩开了他的家门，一位老传教士来拜访他，递给他一沓科罗拉多州的地契。他之前纽约代理商的兄弟为自己家人犯下的罪行道歉，不该让他背负沉重的债务，还遭受牢狱之灾。这些地契价值不菲，这些土地囊括了现在丹佛市 1/3 的面积。海德西克卖掉了土地，偿还了债务，企业过了几个月也重新开张了。

高空飞行和轻盈的姑娘

"波尔多人只是想，
勃艮第人只会说，
只有香槟人会做蠢事。"

——博里亚·萨瓦兰

1888 年，法国国会首次允许在公共场合树立广告宣传标语，第一个平面宣传海报的设计者是皮埃尔·博纳尔，甲方是现在已不存在的法国香槟酒庄。海报上是一位美女在天空翱翔，她的手里拿着一杯泡沫丰富的香槟酒。1889 年的巴黎世博会上，美国人觉得这样的宣传方式太轻浮，提出了正式的抗议，当然最终也是徒劳无功。

以最快的速度登上广告宣传顺风车的当属尤金·玛喜尔。他在刚刚落成的埃菲尔铁塔下放了一个巨大的酒桶，由 24 头白牛拉着走到战神广场。他 20 岁的时候就创建了自己的酒庄，现在他的名字不仅出现在海报上，还包括羽毛笔管、冰桶、开瓶器、扇子、唇膏。1900 年的世博会上，他的名字印在了一个巨大的气球上，驾驶舱可以容纳 12 个人喝香槟酒，而且能将巴黎的美景尽收眼底。1900 年 11 月 14 日突然袭来的一场大风让这个热闹的场面草草收场。气球挣脱了固定锚，带着一群惊慌失措的船员飞往了香槟地区，而气球上的客人们还纷纷举杯欢呼。气球一直飞到晚上都无法抛锚降落，这时候乘客们才从天上呼喊，而地面上的醉鬼根本就听不见，所以没人理会。经过 16 个小时的惊魂旅行，热气球停在了比利时的一片小树林里。当地的宪兵给玛喜尔开出了一张非法进口葡萄酒的罚单，而他的名字却传遍了全世界，他自己也说"这是我做过的最便宜的广告"。

帝国总理奥托·冯·俾斯麦在法国并没有得到特别的尊重，不过他在香槟地区结交了很多朋友，他跟皇帝威廉二世的关系并不好，经常糊弄皇帝，因为他在国宴上不喜欢喝普通起泡酒，就要香槟。他的爱国主义情绪高涨，皇帝也知道。1890 年新政府成立不久，俾斯麦就被解职了。皇帝的祖父曾经游历过香槟地区，遍尝当地的美酒，下人们都称他为"凯歌皇帝"，而威廉二世更偏爱德国牌子。1904年，他的游艇在纽约航行的时候，身边自然放着一瓶德国起泡酒。格奥尔格·凯斯勒是酩悦香槟的销售代表，他用一个巧妙的手势在仪式开始之前将起泡酒换成了自己家的酒，皇帝得知这一消息之后大为光火，第二天就把大使召回来了，而酩悦香槟酒第二天登上了美国所有的报纸。

在法国，女性时代的大幕早已开启。皮加勒广场的大型娱乐场所让巴黎变成了爱情都市。如果邀请女士去喝香槟酒就会像现在一样有双重含义，一方面女士很难拒绝，另一方面香槟酒也是那些轻浮的女孩最喜欢的饮料。她们不仅看重酒的美味，也看重酒的价值，代表了追求者对她们的重视。在酒精的作用下两个人很快就能拉近距离。

我们之前提到的爱德华七世在访问巴黎期间会让沙巴奈[①]的女孩在自己著名的欢乐屋里沐浴香槟。她们的爱情游戏需要一个维多利亚式铜盆，一半是女士的形状，一半是天鹅。洗完澡之后她们会把酒喝掉。1905年又有了一个新的去处，就是著名的"红磨坊"，796名舞者带动了14795瓶香槟酒的销量，这还不包括酒吧门外售出的32109瓶。最新流行的是女性乳房形状的香槟碗。虽然酒杯的形状对酒的品质没什么影响，但相比较细长的杯子而言，可以帮助酒的香味和碳酸更快地挥发。新晋艺术家如图卢兹·劳特雷克和古斯塔夫·克里姆特受到波纳尔广告设计的启发，在著名香槟酒品牌的委

① 法国夏朗德省的一个市镇，属于孔福朗区沙巴奈县。

托下，在海报和标签上尽情发挥自己的创造力。

"威尔士王子"

这个故事发生在 1936 年。英吉利海峡法国端的海岸线上有一个著名的度假胜地勒图凯－巴黎沙滩，一对爱人在一家大酒店里看到了细长的银壶。他们衣着华丽，享用着奢华的美食，身边都是上流社会人士，是调酒师杰克·范·兰德喜欢的客人，所以他为这对夫妻献上了自己独创的鸡尾酒"威尔士王子"。酒的名字来源于第一位品尝的客人。

英国的王位继承人爱德华八世深受故乡清教徒精神的影响，他的时间都用在巡游和狩猎上，中间在巴黎停留了很长时间。他给全世界传递着英国王室的优质生活和时尚气息，喜欢举行辉煌的节日庆典，爱赛马，也是第一位乘坐飞机飞行的英国王子，当然也对美女情有独钟。

自 1934 年开始，他深深地迷上了美国人瓦利斯·辛普森，这场轰轰烈烈的爱情受到马路小报的一致批评，他们把瓦利斯说成霸道虚荣的女人，而王储变成了她的爱奴，只有英国的报纸被戴上了笼头。国王乔治五世意外死亡之后，爱德华无忧无虑的生活戛然而止，英国报纸也开始肆无忌惮地宣传，他们公开推测爱德华与瓦利斯关系的走向，未来的国王如果娶这样一位出身平凡、绯闻缠身而且性格分裂的女人，是大家无法接受的事情。爱德华必须在王位和瓦利斯之间做出选择，如果选择结婚，很有可能将英国的君主立宪制推向万劫不复的深渊。他最终选择放弃王位，忠于爱情，在加冕之前退位，降格为温莎公爵。

动荡不安的香槟地区

"如此多的战争，
如此多的胜利。"

——维克多·雨果

我们的目光回再次回到 19 世纪末的法国。轻浮的女孩们在香槟酒里沐浴的时候，香槟地区的酿酒厂迎来了艰难的时刻。4/5 的酒厂只拥有半英亩土地，而且都分散在很多斜坡上，虽然交通不便，但这样也有好处，因为如果出现突如其来的霜冻和冰雹，不至于所有的葡萄都毁于一旦。葡萄藤已经伴随了家族的好几代传人，他们的生计都维系在给香槟酒厂提供酿酒用的葡萄上。铁路的发展促进了香槟业的提升，也成了葡萄园主的诅咒，它给北方的大酒厂带来了卢瓦尔河谷和法国南部的廉价葡萄。1890 年秋，埃佩尔奈[①]火车站第一次堆满了外地葡萄，以至于旅客根本没法找到上火车的路。几个比较大的酿酒厂结成了卡特尔，葡萄价格一夜之间暴跌了 50%。随之而来的冬天非常寒冷，狼群突然袭击了葡萄园。葡萄园主和家人忍饥挨饿，香槟酒厂的采购员无情地压低葡萄收购价格，只有 51% 的压榨用葡萄来自香槟地区，剩下的

① 法国马恩省的一个市镇，属于埃佩尔奈区。

上帝的礼物：关于酒的故事

49% 到底是不是真正的葡萄有很多人持怀疑态度。有些厂家用的是苹果和梨，甚至有人看到厂家大量购买大黄。葡萄园主和酿酒厂之间的信任荡然无存，而葡萄园主面临的另一个问题是葡萄根瘤蚜。长期以来他们认为靠北的地理位置和土地中的高灰份可以让自己的葡萄免受虫害的侵袭。农业部和一些大酒厂处理葡萄藤的提议被葡萄园主拒绝了，他们甚至怀疑观察员故意在葡萄园里散播葡萄根瘤蚜，所以就用木棍把他们赶走了。

　　困难的境地让葡萄种植者之间也爆发了冲突。香槟种植区很久以来大部分都在马恩省，一部分属于恩河地区，只有一小部分属于奥布河地区。现在马恩省要求香槟酒的生产只能使用本地的葡萄，而且 1908 年得到巴黎的认可，此举导致奥布河种植区揭竿而起。他们的领导人中间有一位身高只有 1.5 米的加斯顿·切克，他组织了 4 万名手持锄头的农民，然后有组织地在特鲁瓦的地区政府门口静坐，实行和平抗议。他们的立场得到了支持，1910 年参议院建议将奥布河地列为香槟酒葡萄种植区。电报局的消息下午 5 点到达，大约 9 点的时候，马恩省的抗议开始了。葡萄种植者和家人拿着斧头、砍肉刀和锄头涌上街头。大型酿酒厂的酒窖遭受冲击，业主的住所被洗劫一空，然后付之一炬。快到凌晨的时候，一万人的队伍浩浩荡荡地冲向了埃佩尔奈。他们截停了火车，推翻了车厢，大肆攻击葡萄酒厂。队伍在埃佩尔奈遇到了军队的阻截，歹徒转而驶向艾伊。沿途的酒厂纷纷陷落，酒窖被捣毁，破碎的酒桶散落在马路上，账本被淹没在葡萄酒里。

法国骑兵试图阻止抢劫队伍，而暴徒袭击了电报所，将电缆从地里挖出来，试图阻止骑兵队伍继续前进，他们用石头和酒瓶袭击军队。暴徒们一步步退守到仓库里，艾伊到处都有这些像兔子窝一样的酒窖，周围堆满了预防霜冻的稻草，暴徒们把稻草都点着了，有40栋建筑，其中包括6家酒厂被烧毁，600万瓶香槟酒毁于一旦。他们把最好的葡萄酒倒在马路上，导致下水道都开始倒灌。为了不让酒厂卖酒，他们把香槟酒都献给了马恩的土地。叛乱持续了24小时，葡萄园主对价格垄断和欺行霸市的采购员的怒气、对一系列歉收的绝望和对害虫的恐惧找到了发泄口，整个法国都震惊了。

　　香槟地区被军队接管，不过政府始终没有出台关于葡萄酒和种植区的管理法规。1914年，众议院在讨论法律草案时投票被一个消息打断，奥地利的弗朗茨·费迪南德在萨拉热舞遇刺身亡，"一战"爆发了。一直到1919年，香槟才有了原产地名称管制，原产地标识才得以明确，明确禁止使用外地葡萄、苹果或大黄汁酿酒，不过直到1927年才有另一项法规明确了原产地的准确区域。

壕沟里的葡萄酒——"一战"

> "先生们，在这个充满危机和灾难的时刻，
> 让我们干了这杯香槟酒。"
>
> ——保罗·克劳德

1914 年 9 月 18 日，兰斯受到德国军队的炮击。虽然这座城市在战争开始的前几个月免于战火，这个原来的皇帝加冕地现在成了主要的攻击目标。第一轮攻击将"微笑天使"斩首，它是美轮美奂的皇宫最著名的外观装饰物之一。原来生活在教堂屋顶上的成千上万只乌鸦、鸽子和其他的鸟惨叫着盘旋在天空，成群结队地目睹着地面上这场巨大的灾难。教堂的墙壁轰然倒塌，砸向教堂里临时设立的医院里寻求庇护的伤员。砖块埋葬了修女、医生和救护人员，还有试图紧急抢救圣物和皇冠珠宝的修道士。燃烧弹点燃了伤员身下的稻草，火势迅速蔓延到柱子和屋顶上。教堂的大钟呼啸着砸落到地上，铅制屋顶被烈火融化，雕像和外墙的排水口化成了钟乳石，最终整个屋顶轰然倒塌。融化的铅水汇入教堂中殿的废墟中，周围的 400 栋建筑在大火中烧成废墟。这是兰斯遭受轰炸的第一天，在接下来的 3 年半里，整个城市有 1050 天都沐浴在战火中。居民纷纷逃离这个人间地狱，跑到了克莱埃尔，躲进石灰岩地窖中，整个香槟地区挖掘了长达 250 公里的隧道系统。这里原来是罗马奴隶建造的地下采石场，后来修道士发现这里是理想的葡萄酒储藏室，对其进行了扩建。现在有超过 2 万人在这里躲避无休止的轰炸，很多人根本没有意识到自己需要在地下躲上 2 年的时间。燃烧的城市下面出现了一个超现实的暗影帝国，里面建起了医院、警察局、学校、体育馆，所有的手工业者，包括鞋匠、制表师、面包师、屠夫，当然还有蜡烛制造商都在这里谋生。每个学校附近都饲养了 6 头奶牛，为孩子们提供新鲜的牛奶。除此以外还建起了咖啡馆、歌剧院、电影院和戏剧院。在地下演出成了法国演员爱国精神的最好展示。凯歌酒厂在地道里为数百名重伤员提供了奢华的香槟晚宴。"只要有腿的就来跳舞，哪怕失去了鼻子也可以相互温暖彼此的生活"，一位见证者如此描述当时的情景。躲过战火的家庭在地下用摇瓶①和葡萄酒架搭建起了私人空间。"我们和酒瓶一起休息，一起生活"，人们对此记忆尤深。地道里不是每一个人都值得大家尊敬，仅仅在位于兰斯市中心的伯瑞香槟酒厂里就有30万瓶葡萄酒被士兵喝掉了。

　　1914年秋天，斜坡上的葡萄熟了，虽然经历了战火，葡萄的品质却非常高。要想在战火中采摘葡萄看起来不太现实，大多数男人都上了前线，剩下的艰苦工作只能交给老人、妇女和儿童。所有的马匹都被征用了，酿酒用的木桶、糖和资金短缺。所有的电话和电报要么被破坏，要么被军队征用。埃佩尔奈的市长莫里斯·宝禄爵下定决心进行采摘。因为根本没办法把葡萄运到酒厂去，所以他决定将木桶、葡萄压榨机和其他设备放到一个移动指挥所里，在葡萄园之间运转，现场压榨，然后在葡萄种植者那里完成酒的第一次发酵。在战争间歇期再将它们运到酒厂的地窖里。整个过程非常复杂，需要一个小型的后勤队伍来完成。宝禄爵安装了一套跑步者和自行车骑行者的系统，可以保持参与者之间的通讯，他就是依靠这套系统采摘了50%的葡萄。而后来著名的1914年份酒成了一个奇迹。战争中的第一次收获需要牺牲，不断有工

---

　　① 香槟酒除渣的工具。

人和运输队遭到空袭。帮助采摘的士兵、许多妇女，包括至少20名儿童死于采摘过程。

德国人在一开始取得压倒性的胜利之后又被赶出了法国。香槟地区恰好是激战的前线。如果说之前伟大战争的特点是大型的战场，一方的胜利意味着另一方的失败，那一战开启了一个不太幸运的时代，那就是阵地战。这场战争没有胜利者，只是失败者需要忍受饥饿、肮脏和死亡。阵地战的战线绵延了800公里，从瑞士边界一直延伸到北海。战壕里双方囤积了数百万名士兵。香槟地区的壕沟像锯齿刀一样穿越了葡萄园，这里在冬天变成了灰色的泥泞沼泽。有人不小心摔倒，有些士兵被永远埋葬在沼泽地里。3年多来战争的形势几乎没有发生变化，壕沟变成了臭气熏天的阴沟，到处是虱子、老鼠和其他害虫。

虽然有《海牙公约》的明令禁止，德国军队还是于1915年开始使用毒气。战争进入到了另一个新的可怕维度。葡萄藤跟士兵一样成了牺牲品，氯气和芥子气给土地带来了长期的污染。

几乎所有的大酒厂都遭受了巨大的损失：伯瑞和岚颂酒厂变成了一片废墟；酩悦几乎全部被毁，包括拿破仑的私人酒店；勒德雷尔和汝纳特遭受重创。除了建筑物和葡萄园被毁之外，藏在酒窖里的酒也根本没有了销售市场。后来，人们发现了新客户，这就是战斗部队和法国国内市场。之前法国人的饮酒习惯跟区域性的种植园紧密联系在一起，现在喝香槟酒成了爱国主义的表现，让法国人紧密地团结在一起。

特酿的名字变成了法国荣耀、反抗德国佬香槟，还有美国香槟和盟军汤米奶油特干储备。德国人也通过瑞士和荷兰的中立机构订购著名的香槟酒。这些酒厂都幸存了下来。在德军的轰炸中，法国人又完成了四次葡萄采摘。

德国人于 1917 年 7 月 14 日最后一次尝试通过兰斯进攻巴黎，结果以失败告终。双方于 11 月签订了停火协议，7 个月后缔结了和平条约。

法国人沸腾了，纷纷开瓶庆祝，5 万人在巴黎歌剧院里唱起了《马赛曲》，香榭丽舍大街上人潮涌动。只不过酒醒之后法国人不得不面对残酷的现实，战争吞噬了 150 万年轻的生命，300 万士兵受伤，其中 100 万人终身残疾。香槟地区的人口锐减了一半，有些地方甚至只剩了 1/3。村庄变成了废墟，成片的森林化为灰烬，40% 的葡萄园颗粒无收。1.6 万公顷的土地被毒气和尸体污染，导致这些地方无法种植葡萄。等待苦难的葡萄园主的还有更不幸的消息，有一群敌人比德国人入侵更早，最近几年的气焰尤其嚣张，几乎每一家葡萄园都受到葡萄根瘤蚜的侵袭。不过即使面对这样的低谷，大型酒庄还是找到了办法，他们在抵抗力强的美国葡萄藤上嫁接了当地品种。

疯狂的 20 年代来了，香槟酒厂只有很短的时间能喘口气休息一下。革命爆发之后俄国市场彻底崩溃了，美国人开始了禁酒令。很多追求享乐的移民一路逃到了巴黎，听着爵士乐喝着香槟酒。

香槟提神酒

　　香槟提神酒又称作"哈利提神酒"，是 20 年代的著名调酒师哈利·麦克洪发明的。他出生于 1890 年的苏格兰，父亲拥有一家黄麻工厂。1910 年前后，他来到法国的里维埃拉，成为这个著名的海滨度假胜地的著名调酒师。美国的职业赛马骑师托德·斯隆和他的兄弟克兰西发现了这匹千里马，把他招到自己在巴黎的酒吧里。克兰西之前在曼哈顿市中心经营着一家酒吧。现在他把所有的一切，包括柜台、红木板和整套家居都运到了巴黎。1911 年 11 月 26 日，他开了一家纽约酒吧。麦克洪在这里工作了几个星期，后来到了纽约广场酒店的奥膳房酒吧，不久之后他又到了欧洲最著名的夜店，伦敦的西罗夜总会。1923 年他回到巴黎，接手了斯隆兄弟的酒吧，后来改名为"哈利纽约酒吧"，它成了赛车手和马术爱好者喜欢的聚会场所。麦克洪接手之后酒吧成了美国流亡社区的据点。画家、文人、艺术家和音乐家还有记者，为了逃避禁酒令来到了欧洲。1922 年，流亡的美国人达到了36000 人，强势的美元保证了他们过着体面的生活。

　　1924 年，哈利·麦克洪在《先驱论坛报》上发布了一则广告，将简化版的酒吧地址"SANK ROO DOE NOO"（鲁道 5 号）登在上面，让美国人很容易就能找到这里。

　　酒吧里名流云集，包括弗朗西斯·菲茨杰拉德、诺埃尔·考沃德、辛克莱·刘易斯、杰克·登普西和乔治·格什温，后者为《美国人在巴黎》谱写了几首曲子。酒吧最忠实的顾客之一是欧内斯特·海明威。他从 1921 年开始就生活在巴黎，是麦克洪的好朋友。他们两个的儿子从小就在一起玩耍，而两位父亲就一起练拳击。哈利酒吧是许多名垂青史的鸡尾酒的诞生地，如血腥玛丽、侧车、白色丽人和法式 75 等。这里也做出了法国第一份热狗。酒吧经历了世界经济危机、德国占领时期和 50 年代的重建期。在经历了百年风霜之后，酒店里醒目的"Sank Roo Doe Noo"和几乎一成不变的家具，都能让人清晰地感觉到 20 年代法国的世界大都会气息。

IBF

这种饮料的配方第一眼看上去有些不同寻常，而实际上 IBF 是用科涅克、橙皮甜酒和菲奈特门塔调和成的旧式鸡尾酒，最后倒入香槟。

它的故事又将我们带回哈利的纽约酒吧。1924 年，有一群喜欢喝酒的记者在这里开怀畅饮，他们打算逛遍周围的酒吧，例如丽兹、皮嘉尔等。大家为了避免走散，想出了一个非常古怪的标记，就是把一只死苍蝇黏到糖上，然后固定到每个人的衣领上。围观的人群一开始把他们称作"巴黎酒吧苍蝇"，这就是后来哈利和他的朋友麦克泰尔所建立的"国际酒吧同盟"（International Bar Fly，简称 IBF）名字的来源。

由于酒吧有严格的入会条件和秘密的仪式，入会需要有半年的与其他会员的通信记录以及如何做到最好酒吧的建议，所以大家都把酒吧称作"吸水洞"或"飞盘"，成了独特的男士天地。海明威、伯特·兰开斯特、乔治·卡彭特，甚至泰迪·罗斯福都是同盟会的成员，1944年开始接纳女士，其中包括玛琳·黛德丽①。同盟会最著名的德国成员是赫尔穆特·施密特。

哈利的酒吧分店后来开到了蒙特勒、慕尼黑和柏林，由于周围的酒吧数量众多，所以他们重新启动了秘密仪式，这样可以避免酒吧混入商业间谍。

他们微笑着走向新加入的朋友，手势好像左手拿着一只白兰地酒杯，右手好像在驱赶一只落在肩膀上的苍蝇，如果是自己人，也会跟着这样做。暗号对上之后，两个人走向对方，热情地握手，然后一起抬起右脚，离地大约20厘米，然后发出嗡嗡声，好像一只肥胖的红头丽蝇。

"一战"的创伤还没完全愈合，世界经济危机就爆发了，而香槟地区的葡萄收成却一年比一年好。酒窖里酒满为患，1.5亿瓶香槟酒等着出货，但很多人都已经买不起了。贸易商纷纷涌往美国，种种迹象显示禁酒令很快就要取消了。他们这次主打的是健康牌，让大家相信香槟酒有助于治疗抑郁症、阑尾炎或伤寒，连法国军队总司令菲利普·佩特元帅都在葡萄酒商尼古拉斯写的香槟书序言里提到香槟代表着"一战"中法国战士的勇气和美德。有一个人被大家当成了救世主，他就是唐·佩里尼翁，一直到黑暗的30年代来临之前。18年

---

① 德裔美国演员兼歌手，她是好莱坞二三十年代唯一可以与葛丽泰·嘉宝分庭抗礼的女明星。

前是他的 200 岁诞辰，现在大家都涌向新装修的欧特维尔修道院，花三天的时间提前庆祝这位"香槟酒发明人"的 250岁生日。宴会上人潮涌动，没人在乎勤劳谦逊的修道士成了营销理念的牺牲品。他的名字被印在了海报、路标，甚至某个香烟品牌出品的腰带上。酩悦获得了商标权，它出品的顶级特酿就叫"唐·佩里尼翁"。

"德国国防军许可"

法西斯主义的盛行破坏了很多人庆祝的喜悦心情，德国在 1940 年重新占领法国，纳粹最喜欢喝香槟酒。他们在前往巴黎的路上喝掉了 200 万瓶酒，后来任命奥托·克莱比斯担任香槟地区长官。法国人一开始还想用廉价的发泡酒哄骗德国人，而克莱比斯的到来让这一招失去了作用。他出身于酒商世家，是德国外交部部长冯·里宾特洛甫的亲戚，之前是凯斯勒莱茵起泡酒酒厂的代理商。凯斯勒跟成为地方大员的克莱比斯保持着紧密的联系。他对希特勒德国的敌人毫不留情，香槟酒厂都被德国人强行接管了，如果想要卖酒就必须得到占领者的允许。大多数产品的标签上都贴着"德国国防军许可"。克莱比斯决定给贸易商的供货规定价格，如果有人敢反抗就会被拉去做苦役，被绑架的人包括保罗·尚东、罗伯特·让·德·沃格，他是酿酒协会主席和酩悦酒厂的老板，还有他的兄弟伯特兰德·德·沃格，他是凯歌酒厂的总经理。虽然遭受了无情的迫害，香槟地区还是成了抵抗运动的中心。

石灰岩矿在战争中再次发挥了决定性的作用，采矿的地道用来储存抵抗组织的武器和召开秘密会议，被击落的盟军飞行员也躲到了这里，通信员送信的时候经常穿越数公里长的隧道。盟军登陆诺曼底是战争走向尾声的标志，香槟地区再次浴火重生，这次牺牲的人数比"一战"时少了很多。与其他获得的每一次胜利一样，法国开始了举国欢庆。

香槟公司——登上国际舞台的起泡酒

香槟地区现在有将近 1.5 万名葡萄种植者，葡萄种植面积达到 3.4 万公顷。在葡萄收获的季节，有超过 10 万人的劳动大军在这里穿梭，包括采摘、装卸、运输和压榨。2011 年，香槟地区的酒窖出货量达到 3.23 亿瓶，价值 44 亿欧元，英国人仍然是优质产品的主要客户。香槟酒在英国的总销量超过美国的 1/3。

消费者不断对传统的香槟酒提出改良的要求，就像 19 世纪的盎格鲁－撒克逊市场喜欢越来越干的酒一样，消费者现在越来越喜欢玫瑰香槟。一般的玫瑰红酒都是用红色的葡萄做成的，在糖化过程需要突然中断，这样才能获得想要的淡红色。负责染色的主要是葡萄皮，这样做没有风险。如果选择中断糖化的时间点不对，会让整批酒都坏掉。香槟酒厂允许添加用本地葡萄酿造的压榨红酒上色。虽然香槟地区拥有全世界最严格的酿酒法，玫瑰香槟的生产者的自由度却比普通酒厂大得多。

1927 年清晰划定的香槟种植区域现在也发生了变化，2003 年开始扩大。同时需要检查原来的 28 万块土地在经过 85 年的单一作物种植之后是否受到侵蚀，包括使用的农药是否影响了香槟酒基酒所需葡萄的矿物质含量。

　　这里的葡萄种植密度也远远高于世界上的其他地区，这样就会出现产量和质量之间的矛盾。为了争夺气候边界地区的水分和养料，高密度种植的葡萄需要更深入浅白垩土壤的根系，这样就出现了从深层岩层吸取矿物质的少数高品质葡萄。这种葡萄每公斤的售价可达 5.7—5.8 欧元，而且香槟酒厂的需求远远大于供给。

　　垄断和全球化席卷了香槟地区。长期以来，奢侈品集团控制了大部分大型酿酒厂，例如唐·佩里尼翁、酩悦、凯歌、汝纳特、玛喜尔和库克，都隶属于 LVHM（法国酩悦·轩尼诗 – 路易·威登）集团。它们除了经营特酿之外，还在全世界销售时装、皮包和化妆品。

　　这些康采恩的销售策略除了传统的绝干、半干、玫瑰和年份香槟酒之外，还有所谓的顶级特酿。香槟之城的史蒂芬·霍尔斯特从 18 年前开始就代理了德国最知名的几个品牌，"我们必须明白，香槟酒是一种独特的产品，世界上只有香槟地区可以生产。我和很多德国酒厂都尝试过生产香槟酒，但都失败了。虽然您不一定喜欢喝香槟，但必须承认它的唯一性。我目睹了中产阶级的衰落，他们之前过生日和节庆日都会买上一箱香槟酒，现在却只能喝克雷芒 [①] 了。同时全世界富人群体迅速增多，他们钱多得花不完，毫不夸张地说甚至会用唐·佩里尼翁来刷牙。顶级特酿就是为他们设计的。超市里一瓶百分百纯正的高级香槟酒的价格是 26 欧元，经过 6 年的存放之后，虽然酒的品质并没有发生质变，却被贴上了顶级特酿的标签，可以卖到 145 欧元。像酩悦这样的酒厂当然乐于看到这么大的差价。"他的话似乎验证了葡萄酒厂的利润和产出不成正比的传言。

投资者需要的不仅仅是金钱，还需要足够的耐心和专门知识。奢侈香槟酒很难带来投机利润，世界上每一家银行倒闭、每一次经济萧条都会影响它的销售。每一位香槟投资人都必须有十几年的投资计划，否则就会迅速退步，很多失败的大型投资项目很好地诠释了这一点。2000 年，美国喜达屋集团收购了传统酒庄泰亭哲，集团的主营业务是酒店和度假村。过了没几天，全世界的新经济股票暴跌，2 年之后美国人就放弃了。皮埃尔·伊曼纽尔·泰亭哲在遗产争夺战中胜出，然后在农业信贷银行的帮助下重新拿回酒庄。

越来越多的年轻葡萄种植者不再满足于给大酒庄提供酿酒用的葡萄或者基酒，他们也拿出一部分葡萄自己酿造香槟酒。他们追求的目标不是大批量提供年复一年口味稳定的香槟酒，而是酿造个性化、多样化的香槟酒，可以反映出不同年份或不同酒窖的口味，而且越来越多的人开始酿造高纯度

---

① 法国起泡酒，同样受原产地命名保护，品质也毫不逊色于香槟。

香槟。这些酒的售价比较合理，而且还能给人带来惊喜的发现。

不管是庆祝生意成功，还是在大萧条的时候安慰自己，香槟酒的用途非常广泛。也许根本不需要刻意地找借口，就像莉丽·鲍兰哲说过的："我高兴的时候会喝香槟酒，不高兴的时候也会喝。有时候我自己一个人喝，有时候和来访的朋友一起喝。我不饿的时候喝点香槟酒开胃，饿的时候就品尝酒的美味。除非我口渴了，否则我不会去碰它……"

后记

　　《上帝的礼物：关于酒的故事》诞生于维多利亚酒吧，第一眼看到书的名字就让人浮想联翩。书中描述了所有喝醉酒的情形，分析了醉酒的原因、机会、风险和影响。

　　这是一个充满挑战的目标，人人都会喝醉，但品酒呢？只有行家懂得。

　　我们说的醉酒不仅仅是个人行为，这样做是对神灵的不敬，传统的道德法则都反对喝醉。酒神狄俄尼索斯的追随者们喝醉了；席勒的《欢乐颂》成了官方的《欧洲之歌》，歌词里所有的人都醉了，当然不是喝醉了，而是为欢乐陶醉。这是人类对"幸福的陶醉"最好的阐释，其中最关键的是欢呼庆祝的氛围。热情最初也不过是神的存在感，这里所说的"神"除了狄俄尼索斯，还代表了酒的神秘力量，这是人类历史上最古老的"神灵"之一。

　　其实喝酒并不是人类独有的需求，因为研究发现动物也喝酒。中欧温和气候带里经常出现突然死亡的泰加^①候鸟，原因是它们很喜欢找那些熟透了的葡萄吃，吞下去的葡萄会在胃里发酵。类似的情形还包括惊慌失措的麋鹿、手舞足蹈的棕熊和鼾声震天的獾，它们一旦发现发酵水果能给自己带来如此奇妙的感觉之后，就一发不可收拾。人类也是这样发现了酒的秘密，开始了原始的崇拜，然后一步步加以完善。每年的慕尼黑啤酒节上，站在场外的人只能踮着脚尖引颈观望，渴望参与集体庆祝活动，这其实也是一种返祖现象，体现了人类文明的进程。喝酒最好的地方就是酒吧，尤其是经典的鸡尾酒吧，还有美国酒吧。

沙龙也是喝酒的好地方，不过 19 世纪的美国沙龙跟现在的不一样，当时的情况糟糕得多。当时最出名的就是绝望的美国家庭主妇一边唱着圣歌，一边劝自己喝得酩酊大醉的丈夫和儿子悬崖勒马，赶紧回家。如果想充分理解禁酒令，就必须弄清楚它的前世今生。

在禁酒令期间，如果想要喝酒，一方面需要找到隐秘的场所，冒着极大的风险；另一方面喝完酒之后还不能被人发觉。这本身就是自相矛盾，也是对饮酒者的巨大挑战。这就是达希尔·哈米特和雷蒙德·钱德勒在犯罪影片里所展示的时代特色。与普通酒吧相比，绅士们的喝酒方式已经有了进步，就像灵长类动物第一次学会直立行走一样。

德国酒吧并没有完全继承美国酒吧的特色，有些成了扎

① 位于西伯利亚。

着马尾辫的花花公子花言巧语勾搭姑娘的地方，鸡尾酒吧也成了"教育机构"，客人们可以学到很多知识，学会如何享受，提高自己的品位，学习礼仪和知识。最近几十年里有很多踌躇满志的德国人希望改善德国酒吧的状况，尤其是第二类，正是他们造就了德国酒吧奇迹。有些调酒师看起来不像服务生，而是艺术家，他们也确实是艺术家。不过他们也会面临一个古老的困境，按照我们原来的理解，艺术家主要是靠艺术思维创作，做东西并不是他们的专长，那是手工艺人的业务范围。在过去的数百年里，画家和雕塑家在创作过程中必须时刻提醒自己不是手工艺人，而是艺术家，调酒师也面临这个问题。他们必须让自己看起来非常懂得客人的口味和客人之间的细微差别，自己的作品是纯粹的精华。很多人对此确信无疑，只不过这样并不对，因为口味是跟物质有关的，就像灵魂与身体的关系一样，而这里所说的物质变成了棘手的问题。人们必须弄清楚自己在干什么，我们在这里说的是酒精，它可以完全摧毁一个人，而且这种情况非常常见。任何人都无法否认这一点，特别是对那些喜欢酒吧的人来说。

对于那些不喜欢喝酒的人来说，精心制作的鸡尾酒跟毒药别无二致，欧盟和德国的青少年酗酒预防机构也是这样教育孩子们的，他们关注的不仅仅是随处可见的啤酒，还包括匠心独运的酒吧文化。所以官员们得出的结论是，最后的选择要么是禁欲，要么是酗酒，却忽视了可以自我控制的中间地带。维也纳哲学家罗伯特·帕斯勒批判了这种短视的道德绝对主义，因为人类有能力通过提高自律能力，进而延长寿命，当然也可能走向对立面。他说人长大的标志就是"不再喝维生素果汁庆祝"。

然后呢？

喝酒需要安静的氛围，在酒吧里找个座位，点上一杯鸡尾酒，调酒师精心调制的鸡尾酒也需要饮酒者用心去体会。饮酒文化必须通过生活才能得以延续和发扬，虽然喝酒并不代表要喝醉，但是喝完一点感觉也没有也不对。如果有人喝得醉醺醺地离开了酒吧，那就刚好验证了一句话："他非常接近神了，弄清楚了一切是怎么回事。"

这是一首酒吧赞歌，是对酒吧的莫大支持。

彼得·里希特

鸡尾酒配方

朗卢姆（第5页）

　　50 ml 深色朗姆酒

　　20 ml 法勒诺姆糖浆

　　15 ml Wray & Nephew 超标朗姆酒

　　10 ml 青柠汁

　　所有配料需要加上冰块在搅拌杯里搅匀，搅拌 20—30 秒后放到铺满冰块的中号平底玻璃杯里。

　　装饰：一片青柠

蛋酒（第13页）

　　60 ml 白兰地或其他深色酒

　　1 个蛋黄

　　10—20 ml 糖蜜

　　50—100 ml 牛奶

　　将所有配料放到搅拌器中搅拌均匀，然后加入冰块用力摇晃 30 秒，放到铺满冰块的中号平底玻璃杯里。

　　装饰：一小撮鲜磨肉豆蔻

吕德斯海姆咖啡（第13页）

　　加热 40 ml 阿斯巴赫白兰地，然后与加糖的过滤咖啡混合，上面多放奶油。

　　装饰：巧克力片

侧车（第15页）

　　　　50 ml 科涅克

　　　　15 ml 橙皮甜酒

　　　　15 ml 鲜柠檬汁

　　将所有配料放到搅拌器中搅拌均匀，然后加入冰块用力摇晃30秒。将液体过滤后放到预先冷藏的鸡尾酒杯或飞碟杯里。

亚历山大白兰地（第15页）

　　　　40 ml 白兰地

　　　　20 ml 白可可力娇酒

　　　　10 ml 奶油

　　将所有配料放到搅拌器中搅拌均匀，然后加入冰块用力摇晃30秒。将液体过滤后放到预先冷藏的鸡尾酒杯或飞碟杯里。

　　装饰：一小撮鲜磨肉豆蔻

香槟鸡尾酒（第15页）

　　将一块方糖泡到两三剂安格斯特拉苦酒里，然后放到香槟酒杯里，缓慢倒入60—100 ml 香槟酒。

　　最后在上边挤上一片橙子和／或柠檬，起到润滑作用。

皮斯科酸酒（第27页）

　　　　60 ml 皮斯科

　　　　20 ml 橙皮甜酒

　　　　40 ml 鲜青柠汁

　　　　1 个 蛋清

　　　　1 剂 糖浆

　　将所有配料放到搅拌器中搅拌均匀，然后加入冰块用力摇晃40秒。将液体过滤后放到铺满碎冰块或冰块的平底玻璃杯里。

　　装饰：青柠片和几剂安格斯特拉苦酒

卢蒙巴（第41页）

　　　　50 ml 白兰地

　　　　1 勺 可可

　　　　10 ml 棕可可力娇酒

　　　　150 ml 牛奶

　　将所有配料放到搅拌器中搅拌均匀，然后加入冰块用力摇晃20秒。将液体过滤后放到铺满碎冰块或冰块的大平底玻璃杯或长饮杯里。

伏特加：血腥玛丽（第46页）

　　50 ml 伏特加

　　10 ml 柠檬汁，可以根据口味加入伍斯特酱和塔巴斯哥辣酱

　　150 ml 番茄汁

　　将所有配料放到大平底玻璃杯或长饮杯里，可以加冰搅拌，也可以不加冰。

　　装饰：芹菜

莫斯科骡子（第48页）

　　60—80 ml 姜汁伏特加

　　100—150 ml 姜汁啤酒

　　将所有配料放到平底玻璃杯或铜杯里搅拌均匀，最后加入几剂柠檬和几片切得很薄的新鲜黄瓜。

曼哈顿（第88页）

　　60 ml 黑麦威士忌酒

　　20 ml 苦艾酒

　　2—3 茶匙 安格斯特拉苦酒

　　将所有配料放到加冰搅拌杯里搅拌均匀，液体过滤后放到预先冷藏的鸡尾酒杯或飞碟杯里。

　　装饰：带把鸡尾酒樱桃

老式鸡尾酒（第88页）

　　1—2 剂 糖浆或另一种糖蜜

　　3—5 剂 安格斯特拉苦酒或其他苦酒

　　80—100 ml 优质波旁威士忌或另一种熟酒

　　充分搅拌糖浆、安格斯特拉苦酒和10 ml 酒，然后加冰和另外70—100 ml 酒，至少继续搅拌40秒。可以加入橙子和／或柠檬调味，按照个人口味从上方挤入。

　　装饰：带把鸡尾酒樱桃

白兰地卡斯特（第88页）

　　首先用一片橙子将波尔多酒杯的边缘润湿，然后蘸上糖霜，就形成了"卡斯特"。在酒杯里加入冰块和100 ml 白兰地，然后根据个人喜好加入安格斯特拉苦酒、黑樱桃酒、君度力娇酒和／或巧克力苦杏酒调味。

　　如果觉得太甜或者太烈，可以加入10—20 ml 柠檬汁。

　　装饰：橙皮

日本鸡尾酒（第88页）

60 ml 科涅克

7.5 ml 杏仁糖浆

3 茶匙 安格斯特拉苦酒

将所有配料放到加冰搅拌杯里搅拌均匀，液体过滤后放到预先冷藏的鸡尾酒杯或飞碟杯里。

东印度鸡尾酒（第88页）

60 ml 科涅克

7.5 ml 黑樱桃酒

7.5 ml 无色柑香酒

1 茶匙 菠萝糖浆

2 茶匙 安格斯特拉苦酒

将所有配料放到加冰搅拌杯里搅拌均匀，液体过滤后放到预先冷藏的鸡尾酒杯或飞碟杯里。

萨泽拉克加苦艾酒（第88页）

1—2 剂 糖浆或另一种糖蜜

3—5 剂 苦酒

1 勺 苦艾酒

80—100 ml 黑麦威士忌酒

充分搅拌糖浆、苦酒、苦艾酒和 10 ml 黑麦威士忌酒，然后加冰和另外 70—100 ml 酒，至少继续搅拌 40 秒，然后放入预先冷藏的飞碟杯里。可以加入橙子和/或柠檬调味，按照个人口味从上方挤入。

装饰：带把去核鸡尾酒樱桃

缘点鸡尾酒（第89页）

60 ml 黑麦威士忌酒

30 ml 意大利潘托米酒

3 茶匙 安格斯特拉苦酒

5 ml 查特绿香甜酒或黄酒

将所有配料放到加冰搅拌杯里搅拌均匀，液体过滤后放到预先冷藏的鸡尾酒杯或飞碟杯里。

本森赫斯特鸡尾酒（第89页）

60 ml 黑麦威士忌酒

30 ml 诺丽普拉味美思

7.5 ml 黑樱桃酒

1 勺 西娜尔

将所有配料放到加冰搅拌杯里搅拌均匀，液体过滤后放到预先冷藏的鸡尾酒杯或飞碟杯里。

红湖鸡尾酒（第 89 页）

60 ml 黑麦威士忌酒

15 ml 意大利潘托米酒

15 ml 黑樱桃酒

将所有配料放到加冰搅拌杯里搅拌均匀，液体过滤后放到预先冷藏的鸡尾酒杯或飞碟杯里。

装饰：带把去核鸡尾酒樱桃

宾治鸡尾酒，例如西印度朗姆宾治鸡尾酒（第 115 页）

60 ml 牙买加黑朗姆酒

30 ml 青柠檬汁

10 ml 蔗糖水

5 茶匙 安格斯特拉苦酒

50 ml 矿泉水

将所有配料放到铺满冰块平底玻璃杯或长饮杯里搅拌均匀，最后再加入柠檬油调香。

格罗格鸡尾酒（第 115 页）

40—60 ml 朗姆酒

热水

酌情加糖

香料或柠檬汁

所有配料都放入保温杯中搅拌。

珍珠鸡尾酒（第 123 页）

10 ml 糖浆或另一种糖蜜

4 颗 薄荷枝

大约 100 ml 烈酒

稍微沾湿或用薄荷枝搅拌糖浆和酒，浸泡几分钟，然后将混合物放入铺满碎冰块的银珍珠杯或小长饮杯里。

鲨鱼齿鸡尾酒（第124页）

    50 ml 黑朗姆酒

    10 ml 青柠檬汁

    10 ml 柠檬汁

    10 ml 石榴苏打水

    将所有配料放到铺满冰块平底玻璃杯或长饮杯里搅拌均匀，最后再加入苏打水。

僵尸鸡尾酒（第124页）

    60 ml 黑朗姆酒

    20 ml 白朗姆酒

    20 ml 樱桃酒

    20 ml 香橙力娇酒

    20 ml 红石榴汁

    60 ml 血橙汁

    20 ml 超标朗姆酒

    先在搅拌杯里加入超标朗姆酒，然后加入其他配料，用力摇晃均匀后放到铺满碎冰块或冰块的长饮杯里。将勺子背面朝上，通过勺子将超标朗姆酒倒入搅拌好的饮料里。

    装饰：一片橙子

傅满洲鸡尾酒（第124页）

    60 ml 黑朗姆酒

    10 ml 柠檬汁

    10 ml 青柠汁

    10 ml 红石榴汁

    7.5 ml 苦艾酒

    60 ml 苏打水

    将所有配料放到铺满冰块平底玻璃杯或长饮杯里搅拌均匀，最后再加入苏打水。

蝎子鸡尾酒（第125页）

    60 ml 黑朗姆酒

    10—20 ml 西番莲糖蜜

    20 ml 柠檬汁

    60 ml 橙汁

将所有配料放到搅拌器中用力摇匀后放到铺满碎冰块或冰块的大长饮杯里。

装饰：一片橙子

萨摩亚雾斗鸡尾酒（第125页）

60 ml 黑朗姆酒

20 ml 白朗姆酒

15 ml 杜松子酒

15 ml 白兰地

60 ml 柠檬汁

30 ml 橙汁

10 ml 奶油雪莉酒

先在搅拌杯里加入奶油雪莉酒，然后加入其他配料，用力摇晃均匀后放到铺满碎冰块或冰块的长饮杯里。将勺子背面朝上，通过勺子将奶油雪莉酒倒入搅拌好的饮料里。

装饰：一片橙子

堕落的传教士朗姆酒（第125页）

60 ml 白朗姆酒

15 ml 桃味白兰地

20 ml 柠檬汁

10 ml 蔗糖水

60 ml 菠萝汁

薄荷酒

将所有配料放到搅拌器中用力摇匀后放到铺满碎冰块或冰块的大长饮杯里。

装饰：薄荷枝

迈泰（第126页）

60 ml 黑朗姆酒

20 ml 超标朗姆酒

20 ml 干香橙汁

30 ml 杏仁糖浆

30 ml 莱姆糖浆

80 ml 柠檬汁

薄荷酒

将所有配料放到搅拌器中用力摇匀后放到铺满碎冰块或冰块的大长

饮杯里。

　　装饰：薄荷枝

自由古巴鸡尾酒（第 128 页）

　　50 ml 白古巴朗姆酒
　　150 ml 可乐
　　4 片青柠檬
　　将所有配料放到长饮杯里搅拌均匀。

得其利鸡尾酒（第 129 页）

　　50 ml 白古巴朗姆酒
　　20—30 ml 青柠汁
　　15 ml 蔗糖糖浆
　　将所有配料放到搅拌杯里，加入冰块用力摇晃 30 秒。将混合物过滤后放到预先冷藏的鸡尾酒杯或飞碟杯里。

爸爸的渔船鸡尾酒（第 129 页）

　　50 ml 白古巴朗姆酒
　　15 ml 黑樱桃酒
　　20 ml 青柠汁
　　20 ml 红石榴汁
　　冷冻版需要加入 1/4 个石榴，并过滤
　　将所有配料放到搅拌杯里，加入冰块用力摇晃 30 秒。将混合物过滤后放到预先冷藏的鸡尾酒杯或飞碟杯里。
　　冷冻版饮料需要将所有配料放到电动搅拌器里，然后加入碎冰块和石榴进行搅拌。

拉福罗里达得其利鸡尾酒（第 129 页）

　　50ml 白古巴朗姆酒
　　10ml 黑樱桃酒
　　10ml 青柠汁
　　10ml 红石榴汁
　　将所有配料放到搅拌杯里，加入冰块用力摇晃 30 秒。将混合物过滤后放到预先冷藏的鸡尾酒杯或飞碟杯里。冷冻版饮料需要将所有配料放到电动搅拌器里，然后加入碎冰块和石榴进行搅拌。

冷冻得其利鸡尾酒（第129页）

做法与得其利鸡尾酒相同，只需要在电动搅拌器里加入碎冰块进行搅拌。

马丁尼鸡尾酒（第143页）

10—30ml 法国苦艾酒

60ml 苦艾酒

2 茶匙 苦艾

将所有配料放到搅拌杯里，加入冰块搅拌均匀。将混合物过滤后放到预先冷藏的鸡尾酒杯或飞碟杯里。

装饰：橄榄或柠檬皮

法国杜松子鸡尾酒（第145页）

45ml 杜松子酒

45ml 法国苦艾酒

将所有配料放到搅拌杯里，加入冰块搅拌均匀。将混合物过滤后放到预先冷藏的鸡尾酒杯或飞碟杯里。

意大利杜松子鸡尾酒（第145页）

45ml 杜松子酒

45ml 卡帕诺

将所有配料放到搅拌杯里，加入冰块搅拌均匀。将混合物过滤后放到预先冷藏的鸡尾酒杯或飞碟杯里。

杜松子汤力水鸡尾酒（第153页）

50ml 杜松子酒

150ml 汤力水

将所有配料装到长饮杯里。

装饰：酒杯边缘放一片柑橘或柑橘皮

苦味杜松子酒（第156页）

10ml 安格斯特拉苦酒

80ml 杜松子酒

将所有配料放到搅拌杯里，加入冰块搅拌均匀。将混合物过滤后放到预先冷藏的鸡尾酒杯或飞碟杯里。

蓝色火焰鸡尾酒（第 159 页）

60ml 超标威士忌

10ml 糖浆

100—150ml 沸水

将威士忌和糖浆放到带把隔热杯里，沸水放到另一杯里。小心地点燃威士忌，然后缓慢倒进装有沸水的杯子里，最后将盛着燃烧的威士忌和沸水的杯子倒进空杯子里。倾倒时要让两个杯子的距离越来越远。

如果火焰太猛就需要减少水的比例。

吉姆雷特鸡尾酒（第 165 页）

60ml 杜松子酒

20ml 莱姆糖浆

青柠片

将所有配料放到装满冰块的搅拌杯里，把青柠汁挤到上面后进行搅拌。将混合物过滤后放到预先冷藏的鸡尾酒杯或飞碟杯里。

用青柠皮挤汁中和并做装饰。

维斯帕（林德）鸡尾酒（第 166 页）

50ml 杜松子酒

15ml 伏特加

10ml 维斯帕鸡尾酒

柠檬皮

将所有配料放到搅拌杯里，加入冰块搅拌均匀。将混合物过滤后放到预先冷藏的鸡尾酒杯或飞碟杯里。用柠檬皮挤汁中和。

神风特攻队鸡尾酒（第 167 页）

60ml 伏特加

15ml 橙皮甜酒

15ml 莱姆糖浆

1/4 片青柠

将所有配料放到搅拌杯里，加入冰块搅拌均匀。将混合物过滤后放到预先冷藏的鸡尾酒杯或飞碟杯或平底玻璃杯里。

大都会鸡尾酒（第 167 页）

60ml 伏特加

7.5ml 君度力娇酒

1/4 片 青柠

30ml 蔓越莓汁

将所有配料放到搅拌杯里，加入冰块搅拌均匀。将混合物过滤后放到预先冷藏的鸡尾酒杯或飞碟杯里。

威尔士王子鸡尾酒（第215页）

30ml 科涅克

15ml 班尼迪克丁香甜酒

3 茶匙 安格斯特拉苦酒

80ml 香槟酒

将所有配料搅拌均匀，然后倒入香槟酒杯。

小心地加入 80 毫升香槟酒。

饮料可以加冰，放到银质高脚杯。

带我走鸡尾酒（第223页）

30ml 科涅克

3 茶匙 红石榴汁

3 茶匙 安格斯特拉苦酒

10ml 柠檬汁

80ml 香槟酒

将所有配料放到搅拌杯里，加冰后用力摇晃10秒钟，然后装到香槟杯里，小心地加入香槟酒。

白色丽人鸡尾酒（第224页）

40ml 杜松子酒

20ml 橙皮甜酒

20ml 柠檬汁

（半份鸡蛋白）

将所有配料放到搅拌杯里，加冰后用力摇晃30秒钟。将混合物过滤后放到预先冷藏的鸡尾酒杯或飞碟杯里。

法式 75 鸡尾酒（第224页）

30ml 杜松子酒

20ml 柠檬汁

1 勺 绵白糖

100ml 香槟酒

将所有配料放到搅拌杯里，加冰后用力摇晃10秒钟，然后装到香槟杯里，小心地加入香槟酒。

饮料可以放到加冰的平底玻璃杯里。

IBF 鸡尾酒（第 224 页）

30ml 白兰地

1 勺 菲奈特门塔

1 勺 橙皮甜酒

80ml 香槟酒

将所有配料放到搅拌杯里，加冰后摇匀，然后装到香槟杯里，小心地加入香槟酒。

出 品 人：许　永
责任编辑：许宗华
特邀编辑：陶禹函
责任校对：雷存卿
装帧设计：石　英
印制总监：蒋　波
发行总监：田峰峥

投稿信箱：cmsdbj@163.com
发　　行：北京创美汇品图书有限公司
发行热线：010-59799930

创美工厂
微信公众平台

创美工厂
官方微博